Aquarien

Spaß für Kinder

AUTOR: INGO KOSLOWSKI | FOTOS VON BEKANNTEN TIERFOTOGRAFEN

Inhalt

Die richtige »Hardware«

Mit einem Aquarium holst du dir die interessante und vielfältige Unterwasserwelt der Fische in dein Zimmer. Mit dem richtigen Zubehör und diesem Ratgaber legst du den Grundstein für ein spannendes Hobby, das jeden Tag aufs Neue faszinierende Naturbeobachtungen ermöglicht.

Bist du ein Aquarientyp?

Warum faszinieren uns Fische und andere Wasserbewohner eigentlich so sehr? Sie besitzen weder ein weiches Fell noch kann man sie streicheln, und viele Menschen halten sie schlicht und einfach für langweilig und uninteressant. Wer jedoch genau hinschaut und ihre eleganten Schwimmbewegungen, ihre tolle Farbenpracht und ihr vielfältiges Verhalten betrachtet, wird sich bald nicht mehr davon lösen können. Als Heimtiere besitzen die Wasserbewohner außerdem einige ganz entscheidende Vorteile:
Fische können auf relativ kleinem Raum gehalten und dennoch gut beobachtet werden, ohne ihre natürlichen Bedürfnisse stark einzuschränken. Ihre Betrachtung beruhigt, obwohl es spannende Dinge zu beobachten gibt. Zudem ist ein schön eingerichtetes und gut funktionierendes Aquarium in jedem Zimmer ein Blickfang, und die meisten Versorgungs- und Pflegemaßnahmen sind leicht zu bewältigen und können schnell erlernt werden.

Interesse mitbringen

Wenn du Fische gerne in ihrer natürlichen Umgebung beobachtest und in jeden Bach springst, um dort nach Wasserlebewesen zu suchen, wenn dich im Zoofachgeschäft das bunte Treiben der Fische oder der wuseligen Garnelen begeistert, bringst du gute Voraussetzungen für einen Aquarianer mit. Ein Aquarium bedeutet aber nicht nur, die Fische zu beobachten, sondern auch regelmäßig Pflegearbeiten durchzuführen und einen Teil deines Taschengeldes für Futter, neue Fische und Pflanzen auszugeben. Damit die Wunderwelt unter Wasser in deinem Aquarium zu einem echten Erlebnis wird, musst du einige Dinge wissen und beachten. Dabei soll dir dieses Buch ein nützlicher Helfer sein.

Das passende Aquarium auswählen

Aquarianer zu werden bedeutet, nicht nur Freude an den Tieren zu haben, sondern sich auch regelmäßig um sie zu kümmern. Bist du bereit, dich auf dieses Abenteuer einzulassen, stellen sich zunächst einige grundlegende Fragen.

Ein Aquarium für Kalt- oder Warmwasserfische?

Nur wenige Fischarten aus Regionen mit wechselndem Klima haben sich in der Kaltwasseraquaristik verbreitet. Dazu gehört beispielsweise der bekannte Goldfisch mit all seinen Zuchtformen. Kaltwasserfische haben in den Sommermonaten häufig große Probleme mit den hohen Temperaturen, die – insbesondere in Dachgeschosswohnungen – für diese Arten lebensbedrohlich werden können.

Stolz wird das neue Aquarium betrachtet. Ist das Becken bepflanzt und sind die Fische eingesetzt, wird dir dein Hobby viel Freude machen.

Deshalb ist die Haltung von Warmwasserfischen aus wärmeren Gegenden der Erde wesentlich leichter. In Wohnungen, die im Winter regelmäßig beheizt werden und nicht unter 20 °C Raumtemperatur absinken, benötigen viele dieser Arten nicht einmal eine zusätzliche Heizung. Zwar entfalten sie ihre volle Aktivität erst zwischen 22 und 27 °C, ihnen schaden aber Phasen mit geringeren Temperaturen nicht. Im Gegenteil: Aufgrund ihrer niedrigeren Stoffwechselumsätze leben diese Fische oft wesentlich länger und sind widerstandsfähiger als solche, die dauerhaft in Wasser mit Temperaturen über 25 °C schwimmen.

Wie groß soll mein Aquarium sein?

Die meisten Anfänger werden sich für ein gängiges, kostengünstiges Einsteiger-Set entscheiden. Diese Aquarien besitzen in der Regel die Maße 60 x 30 x 30 cm und fassen ohne Bodengrund 54 Liter Wasser. Doch sollte man bei der Anschaffung auch bedenken, dass ein größeres Aquarium einige Vorteile besitzt.

Je größer das Wasservolumen, desto vielfältiger kann die Fisch- und Pflanzenwelt in dem Aquarium sein. Sicher wirst du auch bald feststellen, dass der Platz im Aquarium eigentlich nie für die vielen interessanten Tiere und Pflanzen reicht, die du gerne halten möchtest. Hinzu kommt, dass ein größeres Aquarium weniger Pflegeaufwand benötigt als ein kleineres Becken. Das Wasser und die dann größeren Filter verschmutzen langsamer und müssen seltener gereinigt und ausgetauscht werden. Du solltest also prüfen, ob in deinem Zimmer auch für ein etwas größeres Becken (etwa mit den

Maßen 100 x 40 x 40 cm und einem Wasserinhalt von 160 Litern) Platz ist und ob du bereit bist, ein solches Aquarium auch zu finanzieren.

Wo stelle ich das Aquarium auf?

Wichtig ist ein stabiler Standort, da auch kleine Aquarien einiges an Gewicht auf die Waage bringen. Unter das Aquarium muss eine Schaumstoffmatte oder Styroporplatte gelegt werden, um zu verhindern, dass die Bodenscheibe durch Unebenheiten bricht. Als Aufstellplatz solltest du einen Ort im Raum wählen, der möglichst wenig oder gar keiner direkten Sonneneinstrahlung ausgesetzt ist, da es sonst zu Problemen mit dem Algenwachstum (→ Seite 46) oder mit zu hohen Temperaturen kommen kann. Außerdem sollte sich eine Steckdose in der Nähe befinden.

Zu den meisten Aquariensets gehört ein Innenfilter, der das Aquarium in ausreichender Form reinigt und leicht zu säubern ist.

Welches Zubehör benötige ich?

Aquarianer finden im Fachhandel ein breites Angebot an technischen Geräten. Für den Anfänger sind folgende Utensilien am wichtigsten und sollten gleich zusammen mit dem Becken angeschafft werden: Filter, Beleuchtung, Heizung und am besten zwei Kescher – einen kleineren und einen etwas größeren.

Der Filter

Das wichtigste Zubehör ist ein sehr leistungsstarker Filter, der das Beckenwasser nicht nur von sichtbaren Schmutzpartikeln reinigt, sondern auch schädliche Stoffe aus dem Aquarienwasser entfernt. Er muss so angebracht sein, dass das ausströmende Wasser die Oberfläche bewegt, damit ausreichend Sauerstoff aus der Luft in das Wasser gelangt.

› Außenfilter haben ein größeres Filtervolumen und sind wesentlich leistungsstärker, doch wirst du mit deinem Aquarien-Einsteiger-Set wahrscheinlich einen Innenfilter erworben haben. Diese haben auch einen entscheidenden Vorteil: Sie sind einfacher zu reinigen und benötigen keinen zusätzlichen Platz. Achte beim Kauf darauf, dass der Innenfilter am besten so angelegt ist, dass beim Herausnehmen der Filterkammer der angesaugte Schmutz nicht sofort wieder ins Wasser gelangt (→ Filter reinigen, Seite 46).

› Das Filtermaterial besteht heute in der Regel aus feinporigem Schaumstoff (Schaumstoffpatronen) mit einer großen Oberfläche, auf der sich Bakterien und andere Kleinstlebewesen, die zur biologischen Wasserreinigung beitragen, ansiedeln können. Filterkohle sollte nur kurzfristig eingesetzt werden, um Chemikalien – wie Medikamente, die zur Behandlung der Fische notwendig waren – wieder aus dem Wasser zu entfernen.

Die Beleuchtung

Der teuerste Bestandteil einer Aquarienausrüstung sind die Abdeckungen mit den Lichtleisten. Schon deshalb lohnt es sich, ein Komplett-Aquarien-Set mit einer entsprechenden Abdeckung zu kaufen. Allerdings enthalten die Abdeckungen von Aquarien mit 60 cm Kantenlänge in der Regel nur eine einzige Leuchtstoffröhre. Lichtbedürftige Pflanzen werden hier langfristig nicht gut wachsen. Hast du also die Wahl, solltest du dich für ein etwas teureres Set mit zwei Leuchtstoffröhren entscheiden.

› Die mitgelieferten Leuchtstoffröhren besitzen oft nicht die optimale Lichtzusammensetzung für die Aquarienpflanzen. Röhren mit starken Gelb- oder Rottonanteilen mögen zwar schönes Licht verströmen, langfristig aber bewirken Lampen mit dem Spektrum des natürlichen Tageslichts ein besseres Wachstum. Sie können in Abdeckungen mit zwei Leuchtstoffröhren mit anderen Röhren kombiniert werden. Da sich Lichtfarbe und Beleuchtungsstärke im Laufe der Zeit verändern, müssen die Röhren nach ein bis zwei Jahren ausgetauscht werden.

› Die tägliche Beleuchtungsdauer sollte zwischen zehn und zwölf Stunden liegen und wird am besten über eine Zeitschaltuhr geregelt, welche das Licht immer automatisch zur gleichen Zeit ein- und ausschaltet. Eine längere Beleuchtungsdauer fördert unerwünschten Algenwuchs.

› Die Abdeckungen können Schaden nehmen, wenn sie durch Spritz- und Kondenswasser beeinträchtigt werden. Deshalb ist es ratsam, zwei gegeneinander verschiebbare Abdeckscheiben aus Doppelsteg-Kunststoffplatten einzubringen, die auf die Stabilisationsleisten aufgelegt werden. Verwende lieber eine geteilte Platte, die die Oberfläche abdeckt, da du sonst zum Füttern immer die gesamte Abdeckung hochheben musst. Um die Filter- und

Befestige die Heizstäbe nach Möglichkeit in einer der hinteren Aquarienecken. So kannst du sie gut hinter der Bepflanzung verstecken.

Checkliste **Zubehör**

SICHERHEIT Nur für die Aquaristik zugelassene Geräte nutzen. Vor Pflegemaßnahmen alle Geräte vom Strom nehmen.

FILTER Innenfilter verwenden, deren Filterkammern du bei der Reinigung herausnehmen kannst, ohne dass sie den Schmutz wieder ins Aquarium entlassen. Den Filter so anbringen, dass die Wasseroberfläche bewegt wird (Sauerstoffversorgung).

BELEUCHTUNG Auch bei kleinen Aquarien auf Abdeckungen mit zwei Leuchtstoffröhren achten. Sonst wird das Becken zu schlecht ausgeleuchtet.

HEIZUNG Temperaturen zwischen 23 und 26 °C reichen für die meisten Aquarienfische.

Heizungskabel durchführen zu können, lass dir von einem Erwachsenen eine Ecke absägen. Sollten in deinem Aquarium Stabilisationsleisten fehlen, kann dein Zoofachhändler sie sicher einkleben.

Die Heizung

Die meisten Warmwasserfische können in regelmäßig beheizten Räumen (20 °C) ohne eine Aquarienheizung gehalten werden. Wahrscheinlich wirst du aber in den Wintermonaten einen Regelheizer zuschalten, der für eine konstante Wassertemperatur sorgt. Bevor du nun die Temperatur am Regler einstellst, sollte die Heizung bereits einige Zeit im Wasser sein. Temperaturen zwischen 23 und 26 °C sind für alle hier vorgestellten Fischarten ausreichend. Die Wassertemperatur solltest du mit einem Aquarienthermometer regelmäßig kontrollieren. Steht dein Aquarium in einer warmen Wohnung oder ist es im Sommer über mehrere Stunden der direkten Sonnenstrahlung ausgesetzt, so kann sich das Wasser auf über 30 °C erhitzen. Dann ist es nötig, einen Teilwasserwechsel mit kaltem Wasser durchzuführen, bis die Normaltemperatur erreicht ist. Arten aus kühleren Gegenden können schon bei Temperaturen über 25 °C Probleme bekommen.
Da der Sauerstoffgehalt im Wasser bei zunehmenden Temperaturen sinkt, kann es in der warmen Jahreszeit und bei dichterem Fischbesatz nötig sein, Sauerstoffquellen einzubringen. Hierfür eignen sich die im Fachhandel erhältlichen Oxidatoren oder von Membranpumpen versorgte Ausströmersteine. Diese sollten aber nicht in Dauerbetrieb genommen werden, da sie das Kohlenstoffdioxid verdrängen. Dieses muss dann aufwendig mit zusätzlichen CO_2-Diffusionsgeräten auf einem für die Pflanzen optimalen Wert gehalten werden.

Der Kescher

Da du gelegentlich Fische aus deinem Aquarium herausfangen musst, z. B. weil sie krank sind (bitte nicht, um sie nur einmal genauer anzuschauen!), benötigst du handelsübliche Aquarienkescher.
Am besten kauft du gleich zwei: einen sehr kleinen und einen etwas größeren.

Ein Kescher gehört zur Standardausrüstung eines jeden Aquarianers und sollte nach Möglichkeit schon zusammen mit der Grundausstattung angeschafft werden.

Wasser – aus der Leitung oder aufbereitet?

Als Jungaquarianer brauchst du dich mit der chemischen Zusammensetzung des Wassers nicht ganz genau auszukennen. Allerdings solltest du einige wichtige Dinge über die Umgebung wissen, in der deine Fische ein Leben lang schwimmen.
Vergleiche zunächst einmal das Wasser, das frisch aus der Leitung kommt, mit dem, das du beim Wasserwechsel aus dem Aquarium entnimmst. Du wirst feststellen, dass sich die Farbe deutlich unterscheidet. Der Grund sind zum einen die Abfallstoffe der Fische wie Urin und Kot oder zersetzte Pflanzenteile, und zum anderen Stoffe, die von Dekorationsmaterialien wie Wurzeln ins Wasser abgegeben werden. Mit der Farbe ändert sich aber häufig auch die chemische Zusammensetzung des Wassers.

Tropische Bäche wie dieser führen meist weiches, leicht saures Wasser. In ihnen leben zahlreiche beliebte Aquarienfische.

Der pH-Wert

Der wichtigste Wasserwert ist der pH-Wert, der, vereinfacht gesagt, den Säuregehalt des Wassers angibt (Säure kennst du sicher z. B. von Zitronen). Dabei gilt: Je niedriger der Wert, desto saurer. Verändert sich der ph-Wert in den sehr sauren Bereich, ist das für viele Wasserbewohner lebensgefährlich. Deshalb ist es wichtig, den pH-Wert regelmäßig zu messen. Verändern kann sich der Wert durch Stoffwechselprozesse oder z. B. durch Wurzeln, welche die sogenannten Huminsäuren abgeben. Den pH-Wert kannst du mit Testsets (z. B. Messstäbchen, die allerdings nicht sehr zuverlässig sind, oder Tropfenreagenzien) bestimmen. Sollte er zwischen 6,5 und 7,5 liegen, ist das für alle in diesem Buch behandelten Aquarienfische in Ordnung. Arten, die extremere Werte bevorzugen, sollten nur von sehr erfahrenen Aquarianern gehalten werden. Liegt der pH-Wert deutlich unter 6,5, ist ein sofortiger Teilwasserwechsel nötig, um die Fische vor Säureschäden zu schützen. Achtung: Testsets enthalten Chemikalien, daher darfst du sie nur zusammen mit einem Erwachsenen anwenden!
Durch kalkhaltige Gesteine oder kalkhaltigen Kies kann der pH-Wert über den neutralen Bereich hi-

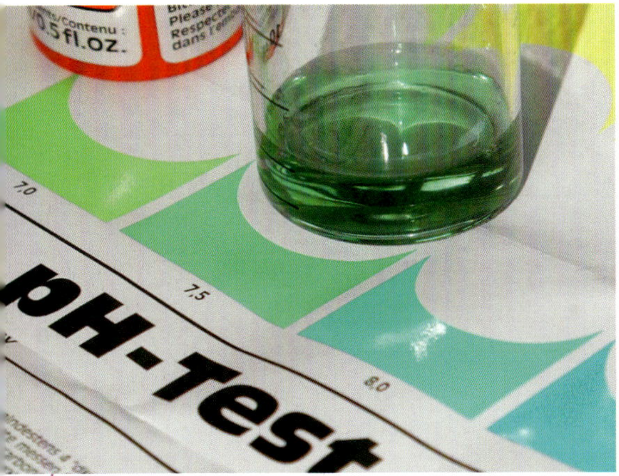

Mit Tröpfchentests kannst du viele Wasserwerte zuverlässig bestimmen. Du darfst sie aber nur unter Anleitung eines Erwachsenen benutzen!

Das Aquarienwasser verändert nach einiger Zeit seine Farbe (z. B. bräunlich durch Wurzeln, Blätter und Stoffwechselprodukte, grün durch Algen).

naus ansteigen. Dies ist für einige Aquarienfische ebenfalls gefährlich. Auch hier verschafft ein Wasserwechsel Abhilfe. Am besten informierst du dich vor dem Kauf von Dekorationsmaterialien darüber, ob sie kalkhaltig sind.

Die Wasserhärte

Ein zweiter wichtiger Wert ist der Härtegrad des Wassers. Man unterscheidet zwischen Gesamthärte und Karbonathärte. Besonders bei geringen Karbonathärten besteht die Gefahr, dass sich der pH-Wert durch Kot oder abgestorbene Wurzeln schnell ändert. Deshalb muss er bei Leitungswasser mit geringen Werten häufiger kontrolliert werden. Auch für die Härtegradbestimmung gibt es Testsets.

Nitrat- und Nitritwert

Die Bestimmung des Nitrat- und Nitritwertes ist schon ein wenig aufwendiger. Am besten nimmst du eine Wasserprobe und lässt sie in deiner Zoofachhandlung testen. Zu hohe Nitritwerte sind tödlich für die Bewohner eines Aquariums. Die Nitrat- und Nitritwerte steigen durch die Ausscheidungen der Fische und sich zersetzendes Material. Das passiert, wenn sich zu viele Fische im Aquarium befinden oder sich altes Futter am Boden ablagert.

Kupferbelastung

Viele ältere Häuser sind noch mit Kupferleitungen ausgestattet. Wird der Wasseranschluss selten benutzt, können mit dem Leitungswasser zu hohe Kupferwerte ins Aquarium gelangen. Für viele Pflanzenarten ist dies ein Problem, da sie bei höherer Kupferkonzentration ihre Blätter abwerfen und/oder absterben. Langfristig schadet es auch den Fischen, da sich das Kupfer in den Organen anreichert. Den Kupferwert des Leitungswassers kannst du ebenfalls mit einfachen Tropfreagenzien prüfen. Sind die Werte zu hoch, ist der Einsatz von Wasseraufbereitungsmitteln notwendig, die die Kupferteilchen binden, sodass sie für die Aquarienbewohner ungefährlich sind.

Unterwasserdschungel oder Bachbett?

Pflanzen spielen im Aquarium eine wichtige Rolle. Weitere Informationen zu den geeigneten Arten findest du im Pflanzenkapitel (→ Seite 20). Bei der Anordnung solltest du darauf achten, dass du kleinere, niedrigwüchsige Pflanzen in den Vordergrund und die höherwüchsigen in den hinteren Bereich setzt. Viele Fische fühlen sich wohler, wenn sie im Aquarium eine dunklere Ecke finden. Diese kannst du ihnen durch das Einbringen kleiner Schwimmpflanzen, also Pflanzen ohne feste Wurzeln im Boden, schaffen. Achte aber darauf, dass du deren Wuchsbereich einschränken musst, etwa durch die Anordnung anderer Dekoelemente. Bei starkem Wachstum musst du sie regelmäßig auslichten, damit sie anderen Arten nicht das Licht und die Nährstoffe nehmen.

Gestalten mit Wurzeln und Steinen

› Ein weiteres Dekorationselement sind Wurzeln. Besonders geeignet sind alle im Fachhandel erhältlichen Wurzeln, die bereits ohne lange Vorwässerung ins Aquarium gegeben werden können und das Wasser nur wenig färben. Außerdem sollten sie den pH-Wert nicht stark senken. Besonders gut geeignet sind beispielsweise Mopani- und Savannenholz. Hierzu wird dich der Fachhändler gerne beraten. Einige Pflanzenarten wie das Speerblatt

Du kannst dein Aquarium entweder als »Unterwasserdschungel« mit vielen Pflanzen gestalten ...

... oder mit etwas weniger Grün als steiniges Bachbett, einem Bachlauf ähnlich, anlegen.

oder der Javafarn können auch an Wurzelstücken oder Steinen befestigt werden. Diese grün-braune Kombination ist besonders hübsch.

› Gerade viele etwas schneller schwimmende Aquarienfische (z. B. einige Bärblinge und Schmerlen) stammen aus fließenden Gewässern mit Kiesboden und wenig Pflanzenwuchs. Ein solches Bachbett lässt sich mit zahlreichen hübschen Steinen einfach nachbauen. Für das Grün in solchen Becken sorgen lang- und schmalblättrige, fest wurzelnde Pflanzenarten wie Wasserschrauben *(Vallisnerien)* und einige Wasserkelcharten *(Cryptocoryne)*.

› Schieferplatten und Steinholz sind in allen Aquarien ebenfalls vielfältig einsetzbar, beispielsweise als »Grenzsteine« zwischen verschiedenen Boden- und Pflanzbereichen oder als Hintergrund. Bei geschickter Anordnung kannst du dann sogar auf andere Rückwanddekorationen verzichten.

Als Alternative zu den beliebten Fotorückwänden haben sich auch einheitlich dunkle Hintergründe bewährt, die du dir selbst aus Fotokarton zurechtschneiden kannst. Vor diesen Rückwänden sehen die Pflanzen und Fische besonders farbintensiv aus, da nichts von ihnen ablenkt.

Verstecke anlegen

Viele bodenorientierte Fische wie Welse oder Buntbarsche besetzen gerne höhlenartige Unterstände, in denen sie sich zum Teil auch fortpflanzen. Diese kannst du nicht nur aus Steinen, sondern auch sehr einfach aus Kokosnussschalen oder Tonröhren herstellen und in deine Aquarienlandschaft integrieren. Für kleinere Arten und Garnelen reichen auch schon Bambusröhrchen, die du nicht nur als waagerecht auf dem Boden liegende Versteckmöglichkeit, sondern auch senkrecht als Nachbildung eines Röhrichtbestandes anbringen kannst.

Schöne **Dekotipps**

TIPPS VOM AQUARIEN-EXPERTEN
Ingo Koslowski

BLÄTTER ALS EINRICHTUNGSELEMENT Heimische Rotbuchenblätter, die man im Herbst im braunen Zustand vom Baum sammelt (um der Keimbelastung liegender Blätter zu entgehen), sehen nicht nur hübsch aus, sondern bieten auch scheuen Fischen gute Versteckmöglichkeiten.

NÜTZLICH UND DEKORATIV Die Blätter des Seemandelbaums bekommst du im Aquarienhandel. Sie werden seit Langem in Asien bei der Fischzucht und dem Transport eingesetzt, da sie die Anzahl krank machender Keime verringern. Da die Blätter zunächst oben schwimmen, kannst du sie vorher in einen mit Wasser gefüllten Eimer geben, bis sie zu Boden sinken.

NATÜRLICHER UNTERSCHLUPF Um den Pflanzenwuchs nicht zu stören, dürfen die Blätter nur einen kleinen Teil des Bodens bedecken. Gerade in Garnelenaquarien sind Blätter ein beliebtes Einrichtungselement, da die Tiere auch in der Natur in Falllaub leben. Zerfallene oder von Saugwelsen und Garnelen zerfressene Blätter solltest du entfernen und durch neue ersetzen.

Das Aquarium Schritt für Schritt einrichten

Der große Moment ist gekommen: Das Aquarium steht an seinem Platz, nun geht es ans Einrichten. Willst du Steinplatten oder andere Rückwände verwenden, musst du mit ihnen beginnen und sie gut befestigen (z. B. mit Silikon). Wenn du sicherstellen willst, dass die Pflanzen genug Nährstoffe vorfinden, bringe einen Aquarien-Depotdünger ein. Dieser gehört an die Stellen, an die du tief wurzelnde Pflanzen setzen willst. Dann bringst du den Bodengrund ein, den du zuvor in einem Eimer gut auswaschen musst. Achte darauf, dass du die Düngerschicht dick genug abdeckst, da sie oft Elemente enthält, die aufschwimmen und das Wasser trüben.

Sand und Kies als Bodengrund

Obwohl Sand in vielen Naturgewässern vorkommt, ist er als Aquarienboden oft nicht geeignet. Fehlende Nährstoffe behindern einen guten Wuchs. Auch die fehlende Wasserzirkulation in einem sandigen Bodengrund ist ein Problem, da dies ein schlechtes Bodenklima bewirkt und die Bildung von Faulgasen fördert. Dennoch erfüllen kleinere Sandbereiche wichtige Aufgaben. Sie dienen z. B. gründelnden Fischen wie Panzerwelsen als »Spielplatz« für das natürliche Verhalten bei der Nahrungssuche. Andere Fische tauchen in den Sand ein, um sich zu verstecken oder sich fortzupflanzen. Sandboden unter den Höhlenunterständen ermöglicht den Bewohnern zudem eine »individuelle Raumgestaltung«. Der restliche Bereich des Bodens sollte mit Kies einer Körnung zwischen 2 und 3 mm bedeckt werden. Willst du eingefärbten Kies einbringen, darfst du nur für Aquarien geeignete Produkte verwenden, die keine Farbstoffe ins Wasser abgeben. Die Steinchen dürfen auch keine scharfen Kanten aufweisen, da viele Bodenfische empfindliche Barteln am Maul haben, die dadurch verletzt würden.

Gestalten und Wasser auffüllen

› Bringe nun den Filter und den Regelheizer an den vorgesehenen Stellen an. Du kannst versuchen, diese entweder mit Dekorationsmaterialien wie Holz und Steinen oder mit Pflanzen zu verdecken.

› Nun bohrst du mit den Fingern kleine Mulden in den Bodengrund und setzt die Pflanzen ein. Die Befüllung des Aquariums muss sofort erfolgen, damit die Pflanzen nicht vertrocknen. Du kannst die Pflanzen natürlich auch einsetzen, wenn bereits Wasser im Aquarium ist. Allerdings wird dann häu-

Bepflanzte Kokosnüsse sind hübsche Einrichtungsgegenstände für höhlenbewohnende Fische.

fig der Bodengrund aufgewirbelt. Hier kann aber ein kleiner Trick helfen: Lenke das Wasser langsam über eine Schüssel, die umgedreht auf dem Bodengrund im vorderen Bereich des Aquariums liegt.

› Ist das Aquarium schließlich bis unter die Stabilisationsleisten gefüllt, werden die Abdeckscheiben vorsichtig aufgelegt und die Abdeckung mit der Beleuchtung wird aufgesetzt.

Ruhezeit für das Aquarium

Bevor du die ersten Fische einsetzt, sollte das Aquarium etwa zwei Wochen »eingefahren« werden. Die Pflanzen wurzeln fest und beginnen zu wachsen. Auch die später für den Abbau von Futterresten, abgestorbenen Pflanzenteilen und der Abfallstoffe der Fische wichtigen Kleinstlebewesen können sich in dieser Zeit entwickeln.

1. SCHRITT Leg auf den Aquarienunterbau eine Styropor- oder Schaumstoffunterlage. Hierauf wird nun das Aquarium gestellt. Anschließend füllst du den Boden mit Depotdünger und dem gut gewaschenen Kies. Die Höhe des Bodengrundes sollte von vorne nach hinten zunehmen. Überlege dir jetzt, welche Pflanzen in dein Aquarium sollen und wohin du diese pflanzen möchtest.

2. SCHRITT Bring den Filter und den Regelheizer in den hinteren Ecken des Aquariums an. Dekoelemente und Pflanzen können nun so angeordnet werden, dass sie die Technik verdecken. Kleinwüchsige Pflanzen setzt du nach vorne oder in die Mitte, höherwüchsige nach hinten. Aus Wurzeln oder aus Ton- und Bambusröhren konstruierst du Verstecke für Höhlenbewohner.

3. SCHRITT Nun befüllst du das Aquarium mit Wasser. Bring noch ein Thermometer an und lege die Abdeckscheiben auf die Stabilisationsleisten. Danach kannst du die Abdeckung mit den Leuchtröhren aufsetzen, eventuell als Beckenhintergrund einen einfarbigen dunklen Fotokarton anbringen und das Aquarium in Betrieb nehmen. Fische solltest du aber erst nach etwa zwei Wochen einsetzen.

»Software« fürs Becken

Pflanzen, Fische und die immer beliebter werdenden Wirbellosen bringen Farbe und Leben ins Aquarium. Wenn es dir gelingt, optimale Bedingungen zu schaffen, wirst du viel Freude am Wachstum deiner Pflanzen und an den faszinierenden Verhaltensweisen der Fische und sonstigen Aquarienbewohner haben.

Pflanzen, Fische und Wirbellose

Welche Pflanzen wachsen in meinem Aquarium? Muss ich sie regelmäßig düngen? Welche Fische vertragen sich und welche sollten nicht zusammen in einem Becken gehalten werden? Wie viel Platz brauchen meine Fische? Lieben sie dichte Pflanzen zum Verstecken oder brauchen sie viel freien Platz zum Schwimmen? Kann ich Fische und Garnelen zusammen halten? Lauter Fragen, die du dir stellen solltest, bevor du mit der konkreten Planung deiner Unterwasserwelt beginnst.

Die richtige Auswahl

Im Aquarienfachhandel findest du eine riesige Vielfalt an Pflanzen und Wasserbewohnern. Aber nur wenige davon sind auch für Anfänger und kleinere Becken empfehlenswert. Die falsche Auswahl führt häufig zu Misserfolgen. Doch das muss nicht sein! Das folgende Kapitel hilft dir dabei, die richtigen Pflanzen und Tiere auszuwählen und ein Aquariumbecken mit optimalen Lebensbedingungen zu schaffen. Schließlich sollen nicht schon nach wenigen Tagen nur noch kahle Pflanzenstängel zu sehen sein oder die hübschen Neonfische im Maul eines anderen Beckenbewohners verschwinden.
Schön wirkt ein Aquarium, wenn sich die eingesetzten Fische und Wirbellosen im gesamten Becken verteilen und sich nicht nur an einer Stelle versammeln. Informiere dich deshalb vor dem Kauf über die Schwimmbereiche deiner Wasserbewohner.
Gut zu wissen ist auch, woher denn die jeweiligen Beckenbewohner kommen, da Fische aus gleichen Regionen häufig ähnliche Ansprüche haben. Aus diesem Grund entscheiden sich viele Aquarianer für sogenannte Erdteilaquarien, in denen sie beispielsweise nur Fische aus Südamerika, aus Asien oder aus Afrika halten.

Üppiges Grün oder kümmernde Pflänzchen?

Pflanzen sind Lebewesen, die nur unter guten Lebensbedingungen optimal gedeihen. Am wichtigsten ist dabei das Licht, das Pflanzen nutzen, um aus Wasser und Kohlenstoffdioxid organische Stoffe herzustellen, die sie zum Wachsen benötigen. Diesen Prozess nennt man Fotosynthese. Während der Lichtphase produzieren die Pflanzen zudem Sauerstoff, den deine Fische zum Atmen benötigen. Da du bei der Aquarienaufstellung darauf achten sollst, dass wenig oder gar kein Tageslicht in das Aquarium fällt, kannst du nicht auf künstliche Beleuchtungsquellen verzichten (→ Seite 8).

Ohrgitterharnischwelse der Gattung *Otocinclus* sind beliebte Helfer bei der unliebsamen Algenbekämpfung.

Richtig beleuchten und düngen

› Der Lichtbedarf von Aquarienpflanzen ist sehr unterschiedlich. Die in den Porträts vorgestellten Arten (→ Seite 20/21) kommen selbst noch mit der Lichtintensität aus, die eine einzelne Leuchtstoffröhre liefert. Allerdings wachsen sie mit zwei Lichtquellen deutlich besser. Beim Kauf solltest du dich von einem Fachhändler beraten lassen, denn viele Pflanzen gedeihen zwar in den gut ausgeleuchteten Aquarien der Händler hervorragend, kümmern bei geringerem Lichtangebot aber vor sich hin und sterben schließlich ab.

› Einige Pflanzenarten benötigen eine zusätzliche CO_2-Düngung, die mit sogenannten Diffusoren sichergestellt wird. Ein ausgewogenes Verhältnis zwischen Fischen und Pflanzen macht den Einsatz solcher Geräte jedoch meist überflüssig, da die Fische das von den Pflanzen dringend benötigte CO_2 abgeben.

› Auch eine zusätzliche Nährstoffdüngung ist, abgesehen von dem auf Seite 14 empfohlenen Depotdünger bzw. Nährboden im Bodengrund, für die hier vorgestellten Arten überflüssig. Wenn du allerdings Mangelsymptome an deinen Pflanzen feststellst, kann die Gabe eines flüssigen Eisendüngers zeitweise erforderlich sein, da dieses Mineral im Leitungswasser meist nicht in ausreichendem Maße vorhanden ist. Andere Nährstoffe dagegen gelangen bei einem regelmäßigen Wasserwechsel

Die Wurzeln von Rosettenpflanzen werden in ein Pflanzloch gesetzt, das vorher mit dem Finger in den Bodengrund gebohrt wurde.

Aufsitzerpflanzen wie der Javafarn werden zunächst an Wurzeln festgebunden, bevor sie nach einiger Zeit mit ihren Haftwurzeln festen Halt gefunden haben.

mit dem Frischwasser wieder in ausreichender Menge ins Aquarium, wenn dein Leitungswasser nicht zu mineralstoffarm ist.

› Die Pflanzen nehmen zahlreiche Nährstoffe auf, die von den Aquarientieren ins Wasser abgegeben werden (z. B. Stickstoff- und Phosphorverbindungen), und verhindern auf diese Art und Weise die Anreicherung schädlicher Stoffe.

Gesunde Pflanzen

Du solltest nur Pflanzen kaufen, die kräftige grüne Blätter ohne braune Stellen besitzen und deren Wurzeln in Ordnung sind. Gesunde Wurzeln erkennst du an der hellen Farbe und an einem kräftigen Wuchs. Für den Transport müssen die Pflanzen gut verpackt werden, um sie vor Kälte oder Hitze zu schützen. Die meisten Aquarienpflanzen halten es durch die hohe Luftfeuchtigkeit in gut geschlossenen Transportbeuteln eine Weile ohne Wasser aus.

› Stängelpflanzen (z. B. Wasserfreundarten) besitzen oft keine Wurzeln oder bilden diese nach kurzer Zeit an den Schnittlingen wieder völlig neu aus. Stängelpflanzen setzt du am besten zu mehreren in ein ausreichend großes Pflanzloch.

› Bei Rosettenpflanzen (z. B. Wasserschrauben) solltest du die Wurzeln vor dem Einsetzen in ein jeweils eigenes Pflanzloch deutlich kürzen, da die alten Wurzeln nach dem Umpflanzen absterben und dann im Bodengrund faulen. Die Pflanzen sind so einzubringen, dass die Mitte, aus der die neuen Blätter treiben, aus dem Bodengrund schaut und nicht durch Kies, Blätter oder Wurzeln abgedeckt ist.

› Speerblätter und Javafarn sind sogenannte Aufsitzerpflanzen, die zunächst auf Steine oder Wurzeln gebunden werden, bevor sie Haftwurzeln ausbilden und auf dem Untergrund festwachsen. Auch das Javamoos haftet mit seinen Trieben erst nach einiger Zeit an festem Untergrund.

Zu einem guten Pflanzenwuchs tragen auch algenfressende Fische (z. B. Saugwelse) bei, die dafür sorgen, dass die Pflanzen – ebenso wie Dekorationsgegenstände und Scheiben – sauber bleiben.

Aquarienpflanzen im Porträt

Hier findest du eine kleine Auswahl an pflegeleichten Aquarienpflanzen, die dein Becken auch ohne den Einsatz von Spezialdünger und CO_2-Geräten zu einem herrlichen Blickfang machen.

WENDTS WASSERKELCH *(Cryptocoryne wendtii)* Langsam und niedrig wachsend. Besonders für den vorderen Bodenbereich.

INDISCHER WASSERFREUND *(Hygrophila polysperma)* Genügsame, schnell wachsende Stängelpflanze mit hellem Blattgrün, das einen schönen Kontrast bildet. Das Einsetzen der abgeschnittenen Triebe ergibt bald einen dichten Bestand.

SÜDAMERIKANISCHER FROSCHBISS *(Limnobium laevigatum)* Gehört zu den kleineren Schwimmpflanzen. Stimmen die Bedingungen im Becken, wächst er sehr üppig. Überzählige Rosetten müssen regelmäßig entfernt werden.

INDISCHER SUMPFFREUND *(Limnophila sessiliflora)* Ausdauernd wachsende feinfiedrige Stängelpflanze für die hintere Beckenregion.

JAVAMOOS *(Vesicularia sp.)* Bildet schnell dichte Polster, in denen Jungfische Schutz finden. Muss regelmäßig zurückgeschnitten werden, damit es nicht das gesamte Aquarium überwuchert.

JAVAFARN *(Microsorum pteropus)* Langsam wachsende, robuste und genügsame Pflanze mit groben Blättern. Auch als Aufsitzerpflanze geeignet.

GEWÖHNLICHE WASSERSCHRAUBE *(Vallisneria spialis)* Ideale Hintergrundpflanze für Aquarien mit etwas stärkerer Strömung. Besitzt lange, schmale, zugfeste Blätter. Wächst auch in hartem Wasser gut.

ZWERGSPEERBLATT *(Anubias barteri var. nana)* Benötigt relativ wenig Licht, wächst langsam und bildet an Steinen und Holz feste Haftwurzeln. Den Pflanzenteil, aus dem die Wurzeln wachsen, nicht mit Bodengrund bedecken.

Wie viele Fische darf ich halten?

Bei jedem Besuch im Zoofachhandel gibt es neue Fischarten zu entdecken. Oft fällt es bei diesem Anblick schwer, nicht gleich weitere Beckenbewohner zu kaufen. Aber gerade darin liegt ein wichtiger Grundstein für deinen Erfolg als Aquarianer.
Wenn zu viele Fische im Becken schwimmen, sind die Tiere nicht nur gestresst, sondern sie produzieren auch zu viele Abfallstoffe. Beides macht sie anfälliger gegenüber Krankheiten und kann im schlimmsten Fall zu einem frühen Tod führen.

Was ist eine sinnvolle Besatzdichte?

Da größere Fische in der Regel mehr Fläche zum Schwimmen benötigen und mehr Abfallstoffe produzieren als kleinere, ist es nicht möglich, einfach eine generelle Zahl anzugeben. Orientiere dich deshalb besser daran, wie viele »Zentimeter Fisch« in deinem Becken schwimmen. In einem gut bepflanzten und mit einem angemessenen Filter bestückten Aquarium gilt die Faustformel, dass pro Zentimeter Fisch etwa ein bis zwei Liter Wasser zur Verfügung

Die meisten Fische bevorzugen einen Schwimmraumbereich. Hier sieht man typische Arten des mittleren bis unteren Bereichs (Kirschflecksalmler) und Bodenfische (Rüsselbarben).

stehen. Ein 60-cm-Becken hat abzüglich von Bodengrund und Dekorationsmaterialien ein Wasservolumen von etwa 40 Litern. Das heißt, dass du nur Fische, die hintereinandergereiht eine Gesamtlänge von 20 bis 30 cm haben, halten solltest.

Wer passt zusammen?

Diese Faustformel hat aber auch zur Folge, dass du dich in einem Kleinaquarium für Einsteiger auf zwei bis drei Fischarten beschränken solltest. Dabei ist es wichtig, dass diese auch zueinanderpassen. Wenn du etwa Schleierschwanzguppys zusammen mit den beliebten Sumatrabarben oder Blutsalmlern hältst, werden die Guppys nur wenig Freude haben, da die anderen Arten siw gerne an den Flossen zupfen. Eine ruhige Fischart wird hingegen nur ungern mit den ständig »liebestollen« Männchen von Lebendgebärenden wie den Guppys zusammenleben, die nicht nur ihren eigenen Weibchen, sondern auch ähnlich großen Fischen von anderen Arten hinterherjagen. Viel Freude wirst du an der Kombination von Fischarten haben, die sich auf die unterschiedlichen Schwimmbereiche (Oberfläche, mittlerer und unterer Schwimmbereich und Bodennähe, → Porträts, Seite 28–33) aufteilen. Sie beleben das Becken, ohne sich zu stören.

Einzeln oder in der Gruppe?

Viele beliebte Aquarienfische sind von Natur aus Schwarmfische und sollten deshalb mindestens zu fünft oder sechst gehalten werden. Manche Arten leben dagegen in einer dauerhaften Partnerschaft, andere wiederum kommen nur zur Fortpflanzung zusammen, verhalten sich ansonsten ihren Artgenossen gegenüber aggressiv. Letzteres gilt etwa für einige Zwergbuntbarsche, Blaubarsche und Labyrinthfische.

Verschiedene **Schwimmbereiche**

TIPPS VOM AQUARIEN-EXPERTEN
Ingo Koslowski

OBERFLÄCHENFISCHE Diese Fische erkennst du an der geraden Rückenlinie. Sie schwimmen fast immer an der Wasseroberfläche und fressen in der Natur nahezu ausschließlich die darauf fallende Anflugnahrung. Die bekanntesten Vertreter sind südamerikanische Beilbauchsalmler und afrikanische Hechtlinge (→ Seite 28/29).

MITTLERE UND UNTERE SCHWIMMREGION Fische in diesem Bereich zeichnen sich durch eine meist längliche walzen-, zylinder- bis torpedoförmige Gestalt aus. Einige Arten sind auch hochrückig mit einem fast rundlichen Seitenprofil. Hierzu gehören südamerikanische und afrikanische Salmler (→ Seite 30/31).

AUSGESPROCHENE BODENFISCHE Sie haben eine gerade Bauchlinie, mit der sie bequem auf den Boden »liegen« können. Viele von ihnen besitzen umgewandelte Mäuler mit Barteln, mit denen sie gründeln und ihre Nahrung im oder auf dem Boden aufspüren. Typische Vertreter sind südamerikanische Panzer- und Saugwelse sowie asiatische Schmerlen (→ Seite 32/33).

Anatomie und Sinne

Kiemen

Die Kiemen sind die empfindlichen Atmungsorgane der Fische. Unter den Kiemendeckeln im Kopfbereich liegen sie geschützt im Verborgen. Durch die starke Durchblutung scheinen sie rötlich durch.

Maul

Das Maul der Fische ist vielgestaltig. Es kann viele Zähne enthalten oder bei Grundfischen auch lange Barteln besitzen, die bei der Futtersuche eingesetzt werden.

Schuppen

Die Schuppen bedecken die Körperoberfläche der meisten Fische und erfüllen wichtige Schutzaufgaben.

Seitenlinie

In der Mitte einiger Schuppen kannst du einen schmalen Strich entdecken. Unter diesen Schuppenkanälchen befinden sich wichtige Sinnesorgane, mit denen die Fische Druckwellen und Erschütterungen wahrnehmen.

Flossen

Durch die Bewegung der Flossen werden Fische angetrieben. Außerdem sind sie die »Steuerruder«, mit denen die Richtung geändert wird. Viele schleierflossige Zuchtformen sind deshalb in ihrer Bewegungsfähigkeit eingeschränkt.

Auge

Die meisten Fische sind Augentiere, die hervorragend sehen können. Nur wenige Fische wie die Saugwelse besitzen Schutzvorrichtungen für die Augen, die sehr stark unseren Augenlidern ähneln.

Gonopodium

Es gibt nur wenige Fischgruppen mit äußerlich sichtbaren Geschlechtsorganen. Die Männchen der Lebendgebärenden besitzen ein schmales spitzes Gonopodium, das sich deutlich von der dreieckigen Afterflosse der Weibchen unterscheidet.

Worauf ist bei Kauf und Transport zu achten?

Manchmal kann man im Becken des Händlers Fische beobachten, die sich häufig an Steinen scheuern. Auf den Kauf dieser Tiere solltest du – auch wenn es schwer fällt – verzichten, da ihr Verhalten auf äußerliche Parasiten hinweisen kann.

Augen auf beim Kauf

Auch wenn du andere Anzeichen von Erkrankungen wie kleine weiße Punkte, schnelles und unregelmäßiges Atmen, zusammengeklemmte oder stark verletzte Flossen, Augentrübungen und Schwellungen (→ Seite 48/49) oder gar tote Fische im Verkaufsaquarium entdeckst, solltest du keinen Fisch aus diesem Becken kaufen. An einer grünlichen, bläulichen oder gelblichen Einfärbung des Wassers erkennst du möglicherweise auch, dass hier eine Behandlung gegen Krankheiten durchgeführt wird. Verantwortungsbewusste Fachhändler weisen dich darauf hin und verkaufen dir keine Fische aus diesen Aquarien.
Generell gilt: Nur wenn die Fische ein natürliches Schwimmverhalten zeigen, die für die Art typischen Farben präsentieren und keine hohlen Bäuche haben, wirst du mit großer Wahrscheinlichkeit Freude an deinen Neuerwerbungen haben. Bei vielen Arten solltest du allerdings bedenken, dass die oftmals angebotenen Jungfische noch nicht die prächtige Färbung der ausgewachsenen Tiere aufweisen. Außerdem wirkt die Färbung oft blasser, wenn sie mit hoher Besatzdichte in kahlen Aquarien gehalten werden und deshalb gestresst sind.

Der Heimtransport

Für den Transport nach Hause werden Aquarientiere in speziellen Transportbeuteln verpackt. Die Fischzahl pro Beutel darf nicht zu groß sein, größere Arten sollten am besten einzeln untergebracht sein. Achte darauf, dass dein Zoofachhändler Beutel mit abgerundeten Ecken verwendet, da sich die Fische sonst in den Ecken einklemmen oder einquetschen. Dies kann zu schweren Verletzungen

Sollen deine Fische schon bald nach dem Transport solch prächtige Farben zeigen wie dieser Honiggurami, musst du einige Dinge beachten.

Zunächst gleichst du die Beuteltemperatur langsam dem Aquarienwasser an, indem du den Beutel ins Aquarium legst.

Anschließend kannst du die Fische mit einem kleinen Netz aus dem Beutel fischen und vorsichtig ins Aquarium entlassen.

oder sogar zum Tode führen. Lass dir die Beutel mit Zeitungspapier oder Papiertüten umhüllen. Dies bewahrt deine Tiere zum einen vor großen Temperaturschwankungen, zum anderen schützt sie die Dunkelheit vor zu viel Stress. Am besten ist der Gebrauch einer Styropor-Transportkiste, die du bei vielen Zoofachhändlern zum Teil kostenlos erhältst.

Einsetzen der Fische

Damit sich die Wassertemperatur angleicht, lässt du den Beutel mit den Fischen zunächst mindestens 15 Minuten ungeöffnet im Wasser deines Aquariums schwimmen. Kontrolliere aber vorher, dass der Wasserstand niedrig genug ist und das Aquarium dabei nicht überläuft!

› Öffne nun den Beutel und roll den oberen Teil so auf, dass im aufgerollten Teil außen Luft bleibt und der Beutel schwimmt. Nun lässt du in kleinen Mengen etwas Aquarienwasser hineinlaufen. So ändern sich die Wasserwerte für die neuen Fische nur langsam und die Umstellung geschieht nicht zu abrupt.

› Entweder du entlässt die Fische nun mit dem Beutelinhalt vorsichtig in das Aquarium oder du fängst die Fische mit einem kleinen Kescher heraus. Die erste Methode hat den Nachteil, dass Krankheitskeime, die sich vielleicht im Wasser des Verkaufsbeutels befinden, in dein Aquarium gelangen. Allerdings bedeutet dies für die Fische deutlich weniger Stress als eine neuerliche Fangaktion.

Kauf, Transport und **Einsetzen**

Achte beim Kauf darauf, dass die Fische keine Anzeichen einer Erkrankung und ein natürliches Schwimmverhalten zeigen. Transportiere sie abgedunkelt (Beutel mit Papier umhüllen). Dies verhindert zu starke Temperaturänderungen. Gleiche vor dem Einsetzen die Temperatur an und schütte die neuen Fische danach vorsichtig in das Aquarium oder setze sie mithilfe eines Netzes aus dem Beutel in das Becken.

Fische für den oberen Beckenbereich

Direkt unter der Wasseroberfläche haben einige spezialisierte Fischarten im Aquarium ihren Lebensraum eingerichtet. Im Folgenden findest du Kurzporträts der bekanntesten und beliebtesten »Oberflächen«-Fische.

KLEINER HALBSCHNÄBLER *(Dermogenys pusilla)* Lebendgebärender asiatischer Oberflächenfisch, dessen Oberkiefer viel kürzer als der Unterkiefer ist.

GEPUNKTETES BLAUAUGE *(Pseudomugil gertrudae)* Lebhafter, filigraner Zwergfisch aus Australien und Neuguinea mit interessanten Flossen.

HONIGGURAMI *(Colisa chuna)* Hübscher, Luft atmender Labyrinthfisch aus Asien. Die Männchen bauen in Schwimmpflanzen ein Schaumnest, in dem Eier und Larven gepflegt werden. Einer der wenigen Fische, die Süßwasserpolypen fressen.

GUPPY *(Poecilia reticulata)* Lebendgebärender, der sich im Aquarium schnell fortpflanzt. Die eher unscheinbare Wildform stammt aus Venezuela. Viele Zuchtformen mit unterschiedlichsten Körperfarben und Flossenformen.

RINGELHECHTLING *(Pseudepiplatys annulatus)* Ungewöhnlich gezeichneter kleiner Fisch aus Afrika. Fühlt sich im Aquarium mit dichten Schwimmpflanzenbeständen wohl. Dort laicht er auch ab.

NORMANS LEUCHTAUGENFISCH *(Aplocheilichthys normani)* Afrikanischer Schwarmfisch der oberen Beckenregion mit auffallenden Augen.

BEILBAUCHFISCHE *(Carnegiella myersi)* Lange glaubte man, dass diese südamerikanischen Salmler durch Brustflossenschläge aktiv fliegen können. Auch wenn es nicht stimmt, musst du das Aquarium gut abdecken.

PLATY *(Xiphophorus maculatus)* Bei Aquarienfreunden beliebter lebendgebärender Fisch. Die Wildform stammt aus Mittelamerika. Er wird im Zoofachhandel in zahlreichen farbenprächtigen Zuchtformen angeboten.

Fische des mittleren und unteren Schwimmbereichs

Auch der mittlere und untere Bodenbereich wird von einer Vielzahl spannender Fischarten bevölkert. Vor allem Bärblinge und Salmer bingen hier Leben ins Becken. Aber es gibt noch weitere interessante Arten.

BITTERLINGSBARBE *(Puntius titteya)* Kleine Barbenart aus Sri Lanka, die sich anderen Fischen gegenüber friedlich verhält. Die Männchen führen häufig Rivalenkämpfe durch.

KAISERSALMLER *(Nematobrycon palmeri)* Die Männchen dieses kolumbianischen Fisches besitzen einen langen schwarzen Zipfel in der Schwanzflosse und grenzen ihre Reviere deutlich ab.

ZWERGBÄRBLINGE *(Boraras maculata)* Diese asiatische Art gehört zu den kleinsten Aquarienfischen. Sie ist gesellig und schwimmfreudig und sollte nur im Schwarm und ausschließlich mit anderen Zwergarten gehalten werden.

FEUERSALMLER *(Hyphessobrycon amandae)* Einer der kleinsten südamerikanischen Salmler mit prachtvoller Rotfärbung, die durch abwechslungsreiche Ernährung erhalten bleibt.

ORANGEROTER ZWERGSALMLER *(Ladigesia roloffi)* Einer der wenigen Kleinsalmler aus Westafrika. Bei dieser Art besitzen Männchen und Weibchen unterschiedlich geformte orangefarbene Afterflossen.

KEILFLECKBÄRBLINGE *(Trigonostigma espai)* Beliebte kleine südostasiatische Schwarmfische mit interessanter schwarzer Zeichnung auf rötlichem Grund.

ROTER NEON *(Paracheirodon axelrodi)* Aufgrund der prächtigen Färbung der beliebteste südamerikanische Schwarmfisch. Er kann nach einer manchmal schwierigen Eingewöhnung mehrere Jahre alt werden.

SCHRÄGSTEHER *(Nannostomus eques)* Südamerikanischer Bleistift- bzw. Ziersalmler mit interessantem Schwimmverhalten und Schwanzflossenmuster (oben hell, unten dunkel). Bildet Schwärme oder Reviere.

Fische für den Bodenbereich

Die bekanntesten spezialisierten Bodenfische sind Welse, Grundeln und Schmerlen. Im Folgenden findest du aber noch weitere Arten, die sich bevorzugt in Bodennähe aufhalten und in Höhlen brüten.

PANDA-PANZERWELS *(Corydoras panda)* Kontrastreicher relativ kleiner südamerikanischer Panzerwels. Gründelt gerne im Sandboden.

ANTENNENWELS *(Ancistrus sp.)* Beliebtester Algenfresser und »Scheibenputzer«. Wird für Kleinaquarien aber mit über 10 cm schon recht groß. Das Männchen trägt einen »Kopfschmuck«. Es bewacht und pflegt das in einer Höhle abgesetzte Gelege.

KÖNIGSCICHLIDE/PURPURPRACHTBARSCH *(Pelvicachromis pulcher)* Häufigster westafrikanischer Zwergbuntbarsch, der mit 10 cm aber für Kleinaquarien schon recht groß wird. Darf nicht mit zu kleinen Fischen vergesellschaftet werden.

WEISSWANGEN-GRUNDEL
(Rhinogobius sp.) Kleine, friedliche asiatische Grundel. Die Männchen tragen interessante Rivalenkämpfe aus. Höhlenbrüter, bei dem die Männchen die Brut pflegen.

GELBER ZWERGBUNTBARSCH *(Apistogramma borellii)* Kleinerer südamerikanischer Zwergbuntbarsch. Gegen niedrigere Temperaturen unempfindlicher Höhlenbrüter. Weibchen kümmern sich um Eier, Larven und Jungfische.

SCHACHBRETTSCHMERLE *(Yasuhikotakis sidthimunki)* Kleine asiatische Schmerlenart. Schwarm bildender Schneckenfresser. Besitzt Kiemendeckeldornen!

SCARLETT-BLAUBARSCH *(Dario dario)* Asiatischer Zwergblaubarsch. Gut mit Zwergbärblingen zu halten. Männchen zeigen bei Drohgefechten ihre Prachtfarben. Höhlenbrüter, deren Männchen Brutpflege betreiben.

SCHMETTERLINGSBUNTBARSCH
(Mikrogeophagus ramirezi) Südamerikanischer Zwergbuntbarsch. Offenbrüter (→ Seite 56), der die Brut paarweise pflegt. Empfindlich gegenüber bakteriellen Erkrankungen.

Faszinierende Fischkombinationen

Auch wenn sich die meisten der gerade vorgestellten Arten gut miteinander vertragen, findest du nachfolgend einige besonders empfehlenswerte Fischkombinationen für bestimmte Themenbecken. Die Tier- und Artenzahlen gelten jeweils für ein Einsteiger-Set-Aquarium (60 cm x 30 cm x 30 cm). Alle vorgestellten Fische stellen keine besonderen Ansprüche und können im Leitungswasser (ohne spezielle Aufbereitung) gehalten werden.

Asienbecken für Zwergfische Bepflanzung mit Schwimmfarnen *(Ceratopteris)*, Wasserkelchen und Javamoos. Eine kleine Bodenfläche kannst du mit Blättern bedecken (→ Seite 13). Eine größere Anzahl (rund 20 bis 30) Zwergbärblinge der Gattung *Boraras* verteilt sich im Aquarium und legt auch Eier in den Javamoosbeständen ab. Auf dem Boden sollten einige Höhlen aus Ton, Bambus oder Kokosnussschalen eingesetzt werden, die den Mitbewohnern – ein bis zwei Paare Scarlett-Blaubarsche – als Laichplatz dienen. Zu dieser Fischkombination passen auch kleine Garnelenarten (vier bis sechs).

Papageienplatys gehören zu den prächtigsten Lebendgebärenden und begeistern jeden Aquarienfreund durch ihr Farbspiel.

Ruhiges Asienbecken Bepflanzung mit kleinen Schwimmpflanzen, Wasserkelchen, Indischem Wasserfreund und Javafarn. Holz und Bambus eignet sich hier als Dekorationsmaterial. Die Oberfläche wird von einem Paar des Kleinen Halbschnäblers oder alternativ von einem Pärchen Honiggouramis bewohnt. Im restlichen Schwimmraum verteilen sich je etwa fünf bis sechs Exemplare von ein bis zwei kleineren ruhigen Barben- oder Bärblingsarten (Bitterlingsbarbe, Eilandbarbe, Keilfleckbärblinge, Leuchtstrichbärbling, Fünfgürtelbarbe). Größere unruhige Barbenarten wie die Sumatra- und Prachtbarbe eignen sich nicht für so kleine Aquarien.
Der Bodengrund ist das Reich eines kleinen Trupps von Schachbrettschmerlen (drei bis fünf Tiere) oder von ein bis zwei Paaren der Weißwangen-Grundel.

Westafrikabecken Bepflanzung aus Schwimmpflanzen, Zwergspeerblatt und Javamoos. Holz, Blätter und Tonhöhlen eignen sich als Dekorationsmaterialien. An der Oberfläche schwimmen vier bis sechs Ringelhechtlinge oder Leuchtaugenfische zwischen den Schwimmpflanzenwurzeln. Im Freiwasser bewegt sich ein Schwarm (sechs bis zehn) des Orangeroten Zwergsalmlers. Die Höhlen am Boden bewohnt ein Zwergbuntbarschpaar der Gattungen *Pelvicachromis* oder *Nannochromis*. Alternativ sind für den Bodenbereich auch ein bis zwei Paare kleiner Killifischarten (Prachtkärpflinge aus der *Aphyosemion*-Verwandtschaft) geeignet.

Im Südamerikabecken sind Schwärme des Roten Neons ein beliebter Blickfang. Als Dekoration können schöne Wurzeln eingesetzt werden.

Dieses Becken für kleine asiatische Fische beherbergt einen kleinen Schwarm des lebhaften Bärblings *Danio choprei*.

Südamerikabecken Bepflanzung aus Schwimmpflanzen (Froschbiss), Zwergamazonasschwertpflanzen oder Zwergspeerblatt, Sumpffreund und/oder Wasserfreund. Holz, Blätter und Kokosnussschalen dienen als Höhlen und als Dekoration. Beilbauchsalmler (sechs bis acht) schwimmen direkt unter der Oberfläche. Den Freiwasserbereich beleben ein bis zwei Salmlerarten (z. B. Ziersalmler, Schrägsteher, Feuersalmler, verschiedene Neonsalmler, je sechs bis zehn). Der Bodenbereich ist das Revier eines Zwergbuntbarschpaares (offen brütende Schmetterlingsbuntbarsche oder höhlenbrütende *Apistogramma*-Art). Alternativ dazu kann sich auch ein Trupp Panzerwelse (vier bis acht) auf dem dann zumindest teilweise sandigen Bodengrund tummeln. Eine Gruppe kleiner Saugwelse der Gattung *Otocinclus* oder ein Paar Antennenwelse bekämpfen die Algen.

Australien-/Neuguineabecken Bepflanzung mit Schwimmfarnen, Vallisnerien, Wasserkelchen, Wasser- und/oder Sumpffreund. Mit Holz und Steinen Bereiche mit unterschiedlicher Strömung und Höhlen schaffen. Ein Schwarm (sechs bis acht) einer Blauaugenart *(Pseudomugil sp.)* oder kleinen Regenbogenfischart (*Melanotaeia sp.*, vier bis sechs) schwimmt lebhaft in der Strömung. Die ruhigeren Bereiche und Höhlen am Boden sind das Revier von zwei Pärchen der Pastellgrundel.

Becken für Lebendgebärende Da die Männchen der Lebendgebärenden Zahnkarpfen meistens auch andere Aquarienfische treiben, solltest du nur kleine lebendgebärende Arten zusammen halten. Geeignete Beifische sind Panzer- und Saugwelse aus Südamerika, die meist unbehelligt bleiben. Neben den Zucht- und Wildformen von Guppy und Platy sind auch einige weitere kleine Arten (z. B. der Metallkärpfling) geeignet. Achtung: Keine nah verwandten Arten wie Platy oder Schwertträger zusammen halten, da sie sich kreuzen können! Schwimmpflanzen und Javamoosbestände sollten Teil der Bepflanzung sein, da die Jungfische dort aufwachsen können, ohne gefressen zu werden.

Beliebte Wirbellose – Garnelen, Krebse, Schnecken

Der Siegeszug der Wirbellosen begann mit der zunehmenden Begeisterung für die sogenannten Naturaquarien des Japaners Amano, der die nach ihm benannten Amano-Garnelen bekannt machte.

Krebstiere

Früher wurden die eher unscheinbaren Garnelen zur Algenbekämpfung sowie zur Pflanzen- und Aquarienpflege (Abfallvertilger) ins Becken gesetzt. Erst in den letzten Jahren kam eine immer größere Vielfalt zum Teil sehr farbiger Garnelen- und Krebsarten in den Zoofachhandel.

Wichtige Einrichtungselemente für Garnelen sind Holz und Blätter, da die meisten Arten auch in der Natur in Ansammlungen mit Falllaub anzutreffen sind und die darauf vorkommenden Kleinlebewesen fressen. Auch in feinfiedrigen Pflanzen (z. B. Sumpffreund und Javamoos) halten sich Garnelen gerne auf. Die Wasserbewegung sollte relativ gering sein. Eine Aquarienheizung ist in beheizten Räumen selten nötig. Die kleinen Arten und Farbformen aus den Gattungen *Caridina* und *Neocaridina* eignen sich meistens gut für die Aquarienhaltung. Die interessanten Fächergarnelen, die große Mengen Schwebstoffe im Wasser filtrieren, um genug Nahrung zu finden, sind dagegen eher schwierig zu halten. Auch die meisten Krebsarten

Die Red Bee *(Caridina cf. cantonsensis)* ist eine der farbenprächtigsten Zwerggarnelen.

Hummelgarnelen *(Caridina breviata)* sind in jedem Aquarium eine optische Abwechslung.

sind – abgesehen von den Zwergkrebsen der Gattung *Cambarellus* – aufgrund ihrer Körpergröße für Kleinaquarien eher ungeeignet.
Die bunten Zwerggarnelen kannst du nur mit sehr kleinen Fischen oder friedlichen, wie Welsen, vergesellschaften, da sie für größere Arten ein beliebtes Futter sind. Neben den Kleintieren und Pflanzenresten, die sie im Laub oder den Javamoosbeständen finden, lassen sich die Zwerggarnelen zusätzlich gut mit Futtertabletten ernähren.
Beim Einsatz von Fischmedikamenten solltest du besonders vorsichtig sein, da viele Krebstiere empfindlich auf chemische Substanzen und Kupfer reagieren. Selbst bei als garnelentauglich deklarierten Medikamenten kommt es häufig zu Todesfällen. Weist das Leitungswasser erhöhte Kupferwerte auf, ist eine Krebstierhaltung nur in einem mit Wasseraufbereitungsmitteln behandelten Wasser möglich. Das Wasser sollte nicht zu weich sein, da die Tiere sonst Probleme haben, ihren Panzer zu erneuern.

Schnecken

Schneckenarten galten bis vor wenigen Jahren eher als Plagegeister, die mit Pflanzen oder Lebendfutter eingeschleppt wurden. Deshalb sammeln die meisten Aquarianer bis heute heimische Sumpf-, Teller- oder Posthornschnecken ab und versuchen so die Bestände zu verringern. Eine Ausnahme sind meist die kleinen Turmdeckelschnecken, die den größten Teil ihres Lebens im Bodengrund verbringen und so zu einer guten Durchlüftung des Bodens beitragen. Zudem wurden sie schon immer als Restevertilger geschätzt. Diese Eigenschaft führt in Aquarien, in denen zu viel gefüttert wird, zu einer Massenvermehrung, der viele Aquarianer mit Schneckenbekämpfungsmitteln oder mit schneckenfressenden Fischen (z. B. Schmerlen, Kugelfische) zu Leibe rücken. Dabei ist eine maßvolle Fütterung das beste Mittel, den Bestand wieder zu reduzieren.
Eine weitere beliebte Schneckenart ist schon seit Langem die große Apfelschnecke, in der Wild- oder der goldenen Zuchtform. Sie verlassen zur Fortpflanzung das Wasser und kleben ihre harten pergamentartigen Eipakete außerhalb des Wassers an. Für kleine Aquarien sind sie aber ungeeignet.
Inzwischen gibt es im Fachhandel viele unterschiedlich große Schneckenarten mit auffälliger Färbung oder mit ungewöhnlich geformten Gehäusen, die Abwechslung in deine Unterwasserwelt bringen. Bevor du dir die teilweise sehr hübschen Arten zulegst, solltest du dich aber erkundigen, ob es sich bei diesen Tieren wirklich um Algenfresser und hübsche Aquarienbewohner handelt und nicht um gefräßige Pflanzenfresser, die in kürzester Zeit das ganze Grün vertilgen.

Die Zebra-Rennschnecke gehört zu den Arten, die wegen des attraktiven Gehäusemusters bei Aquarianern besonders beliebt sind.

Aquarienpflege

Damit sich Fische und Pflanzen in deinem Aquarium auch rundum wohlfühlen, ist es sehr wichtig, das Becken regelmäßig und gründlich zu pflegen. Im Folgenden erfährst du, welche Maßnahmen notwendig sind, damit sich deine Wasserbewohner prächtig entwickeln und lange gesund bleiben.

Fisch- und Pflanzenpflege leicht gemacht

Bodengrund und Einrichtungsgegenstände können oft viele Jahre im Aquarium verbleiben und müssen nicht ständig runderneuert werden. Gelegentliche schonende Eingriffe – insbesondere in einen zu üppig wuchernden Unterwasserdschungel – und einige wenige regelmäßige Pflegemaßnahmen, wie Wasser wechseln, Filter reinigen und Scheiben säubern, reichen in der Regel aus.
Weniger ist bei der Wartung des Beckens häufig mehr. Mit überflüssigen Arbeiten setzt du deine Fische nur unnötig unter Stress und machst sie anfälliger für Krankheiten.

Vorbeugende Maßnahmen

Natürlich können Algen oder Schnecken im Aquarium gelegentlich überhand nehmen und deine Fische auch einmal krank sein. Damit dies aber möglichst selten passiert, findest du im folgenden Kapitel zahlreiche Tipps, mit denen du vorbeugen kannst. Machen sich aber doch einmal Algen breit oder ist einer deiner Fische erkrankt, lassen sich viele Problem mit den richtigen Maßnahmen schnell in den Griff bekommen. So bleibt dein Aquarium eine interessante Unterwasserlandschaft und wird nicht zu einem trüben Becken mit ein paar lustlos umherschwimmenden Bewohnern.

Hilfreicher Pflegetrupp

Einige Aquarienbewohner können dir dabei als »Pflegetruppe« oder »Bekämpfer« von Plagegeistern behilflich sein. Wichtig ist, dass du das Geschehen in deinem Aquarium stets gut beobachtest. So kannst du mit gezielten Maßnahmen frühzeitig eingreifen, wenn einmal etwas aus dem Ruder läuft. Größere Probleme stellen sich dann in der Regel gar nicht erst ein.

Füttern – wie und womit?

Gerade beim Füttern kannst du deine Fische sehr gut beobachten. Doch Vorsicht bei der Dosierung. Falsches oder zu viel Futter kann zu Problemen führen. Der gut sortierte Zoofachhandel bietet ein umfangreiches Angebot an Flocken-, Gefrier- und Lebendfutter. Da die Tiere bei abwechslungsreicher Ernährung besser gedeihen, solltest du neben Trockenfutter von Zeit zu Zeit auch Lebendfutter oder Frostfutter auf den Speiseplan setzen.
Wie aber füttert man richtig? Bei Fischen ist es wie beim Menschen: Mehrere kleine Mahlzeiten sind einer üppigen vorzuziehen.

Bei der Fütterung kannst du die Fische in deinem Becken besonders gut beobachten. Achte aber immer genau auf die Futtermenge.

Trockenfutter

Häufig wird als Standardfutter eine Flockenmischung verwendet, die für die meisten Fischarten geeignet ist. Hast du aber Fische mit besonderen Ansprüchen, z. B. bestimmte Saugwelse, kannst du gelegentlich auch Spezialfutter mit höherem Pflanzen- bzw. Ballaststoffanteil geben. Besonders bodenbewohnende Fische und Garnelen werden sich über Futtertabletten freuen. Diese werden meist nicht sofort aufgefressen, da sie für viele Fischarten zunächst noch zu hart sind und erst im Wasser weich werden. Achte bei der Dosierung auf eine maßvolle Verwendung. Generell solltest du nur soviel Flockenfutter geben, wie die Beckenbewohner innerhalb von etwa fünf Minuten fressen können. Bleibt danach noch etwas liegen, ist das ein eindeutiger Hinweis, dass deine Portionen zu groß sind. Geschieht dies zu häufig, kann das bald unangenehme Konsequenzen haben: Das von den Fischen nicht gefressene Futter belastet das Wasser und trägt zur Massenvermehrung von Algen und Schnecken bei. Zudem wird bei den Abbauprozessen durch Kleinstlebewesen Sauerstoff verbraucht, der dann für andere Beckeninsassen knapp werden kann. Sollte dir aus Versehen einmal zuviel Futter ins Aquarium geraten, kann das sofortige Absaugen der Reste, z. B. mit einer Mulmglocke, Abhilfe schaffen. Eine einfachere Portionierung ist mit Futtergranulaten möglich.

Lebendfutter

Lebendfutter ist für einige Fische unentbehrlich, da sie unbewegliche Nahrung verschmähen. Im Fachhandel bekommst du Futtertiere wie weiße und rote Mückenlarven, Tubifex, Wasserflöhe oder Salinenkrebschen angeboten. Die Krebschen leben in der Natur in Salzseen und legen Dauereier mit harten festen Eihüllen, die auch längere Austrocknung überstehen. Aus diesen Eiern, die du ebenfalls im Zoofachhandel kaufen kannst, lässt sich innerhalb von etwa 24 Stunden selbst Lebendfutter heranziehen. Die Krebschen, aber auch die weißen Mückenlarven sind ein sehr nährstoffreiches Futter, Wasserflöhe hingegen eher ein ballaststoffreiches Zusatzfutter. Rote Mückenlarven und Tubifex solltest du nur sehr spärlich oder gar nicht füttern, da sie oft aus stark verschmutzten Gewässern stammen und entsprechend mit Schadstoffen belastet sind. (Achtung: Gerade rote Mückenlarven lösen oft Allergien aus! Das gilt auch bei Frostfutter.) Um frisch zu bleiben und einen Teil der Schadstoffe abzugeben, müssen Tubifex in einer Schale unter schwach fließendem Wasser gewässert werden.

Gefrierfutter

Alle oben genannten und noch weitere Futtertiere sind auch als Frostfutter erhältlich. Die zu den Kleinkrebsen gehörenden Hüpferlinge sind gerade für Kleinfische ein hervorragendes Gefrierfutter, da sie natürliche Farbstoffe enthalten, die für eine intensivere Rottönung der Fische sorgen. Das Frostfutter solltest du in kleinen Einzelportionen in einem Sieb auftauen und dann ins Becken geben. Bei einem relativ geringen Besatz in einem 60-cm-Becken sind die Stücke in vorportionierten Gefrierfutterpackungen oft zu groß und müssen meist noch einmal zerteilt werden.

Salinenkrebse selbst züchten

FLASCHE FÜLLEN Kunststoffwasserflasche bis 5 cm unter der Öffnung mit etwa 25 °C warmem Wasser füllen.

SALZ AUFLÖSEN Darin etwa zwei Teelöffel jod- und fluorfreies Salz auflösen und die geschlossene Flasche mehrfach schütteln.

BELÜFTEN Etwa einen halben Teelöffel der Eier in die Flasche geben und kontinuierlich mit einem an eine Membranpumpe angeschlossenen dünnen Luftschlauch belüften.

SCHLÜPFEN BEOBACHTEN Nach 24 bis 36 Stunden schlüpfen die Larven.

ABDECKEN Durchlüftung an der Flasche abstellen und Schlauch entfernen. Einen dunklen Strumpf mit Loch darüber ziehen, damit die zum Licht strebenden Salinenkrebslarven absinken.

TIERE ENTNEHMEN Mit einem langen Kunststoffröhrchen Artemien aus der Flasche saugen. Dabei das obere Röhrchenende beim Eintauchen zunächst zuhalten, dann loslassen, und wenn das Wasser mit den Krebschen eingeströmt ist, beim Herausziehen wieder zuhalten. Wasser durch ein feines Sieb laufen lassen und im Sieb zurückbleibende Artemien in das Aquarium geben.

Die regelmäßige Pflege

Die Pflegemaßnahmen in einem Aquarium erfordern in der Regel nicht übermäßig viel Zeit. Zu deinen täglichen Arbeiten gehört – außer der Fütterung – die Kontrolle der technischen Geräte und des Gesundheitszustands deiner Fische. Die beiden wichtigsten Maßnahmen, den Teilwasserwechsel und die Filterreinigung, erledigst du im wöchentlichen Wechsel. Bei großen Außenfiltern und größeren Aquarien mit geringem Fischbesatz fallen diese Arbeiten sogar nur alle drei bis vier Wochen an.

Teilwasserwechsel

Bei jedem regelmäßigen Wasserwechsel solltest du etwa ein Drittel des Aquarienwassers austauschen. Damit Filter und Heizungen keinen Schaden nehmen, muss du sie vorher abstellen und den Stecker ziehen. Ansonsten können die Filter trockenlaufen und die Heizungen zerspringen!

› Für den Teilwasserwechsel benötigst du einen ausreichend langen Schlauch. Damit kannst du das alte Wasser aus dem Aquarium sicher in einen Eimer, in die Toilette, die Badewanne, einen Bodenablauf oder gleich nach draußen laufen lassen. Die zuletzt genannten Methoden haben den Vorteil, dass die Gefahr, in dem Wohnraum, in dem das Aquarium steht, Wasser zu verschütten, geringer ist. Auch kleine Mengen Wasser können an Bodenbelägen oder Möbelstücken Schäden anrichten. Lege deshalb bei allen Arbeiten im und am Aquarium immer genug Handtücher aus.

› Stelle durch den Einsatz von Klemmen, sogenannten U-Rohrstücken, oder einer zweiten Person sicher, dass der Absaugschlauch weder aus dem Aquarium noch aus dem »Einlaufgefäß« rutschen kann und damit zu unliebsamen »Überschwemmungen« führt.

› Den Eimer, den du zum Auffangen des Wassers benutzt, solltest du immer gut im Auge behalten und nicht zu voll laufen lassen. Andernfalls kann er beim Transport ins Badezimmer oder nach draußen

Am einfachsten gelingt dir der Wasserwechsel mit einem langen Schlauch und einem Eimer, in dem du das Wasser sicher auffangen kannst.

Pflegemaßnahmen

Regelmäßige Pflegemaßnahmen machen nicht nur Spaß, sondern tun den Aquarienbewohnern auch gut. Vermeide aber unnötige Arbeiten in deinem Becken, um den Fischen Stress zu ersparen.

Tut gut

- \+ Ist das beim Teilwasserwechsel eingeleitete Wasser etwas kühler als das Wasser im Aquarium (2 bis 4 °C), ahmst du einen tropischer Regenguss nach. Viele Fischarten zeigen daraufhin eine gesteigerte Schwimmfreude sowie Balz- und Fortpflanzungsaktivitäten.
- \+ Füll das Aquarienwasser lieber mit Schlauch und Eimer ein. So kannst du es besser auf die nötige Temperatur anwärmen und eventuell benötigte Aufbereitungsmittel genauer dosieren.
- \+ Regelmäßig gereinigte Filter erzeugen eine stärkere Wasserbewegung, die mehr Sauerstoff ins Wasser bringt. Vor allem strömungsliebende Arten fühlen sich so wohler.

Besser nicht

- − Pflegemaßnahmen nie bei eingeschalteten technischen Geräten durchführen, ansonsten kann es zu Gerätedefekten und gefährlichen Unfällen kommen.
- − Verwende bei der Filterreinigung kein zu heißes Wasser, da dies die wichtigen und nützlichen Bakterien abtötet.
- − Beim Einfüllen direkt aus dem Eimer landet oft Wasser neben dem Aquarium, zudem kann ein zu starker Guss im Aquarium Unordnung anrichten und Pflanzen beschädigen.
- − Nicht zu viele Pflanzen bei der Ersteinrichtung einsetzen. Die hier vorgestellten Arten wachsen schnell und bilden bei guter Pflege bald dichte Bestände.

leicht überschwappen und Schaden auf dem Teppichboden anrichten.

› An das im Aquarium befindliche Schlauchende setzt du ein Vorsatzstück (z. B. eine Mulmglocke). Dies verhindert, dass Bodengrund oder Fische abgesaugt werden.

› Fülle beim Absaugen den Schlauch vorher mit Wasser, halte ihn dann an beiden Enden zu und stecke ein Ende ins Aquarienwasser, das andere in das tiefer liegende Auffanggefäß. Wenn du die Enden öffnest, beginnt das Wasser zu laufen.

› Die Wiederbefüllung erfolgt auch wieder mithilfe von Schlauch und Eimer, den du dann höher als das Aquarium stellen musst.

1 Zu lange Stängelpflanzen kürzt du vorsichtig mit der Pflanzenschere ein. Dabei kannst du auch gleich braune Blätter entfernen.

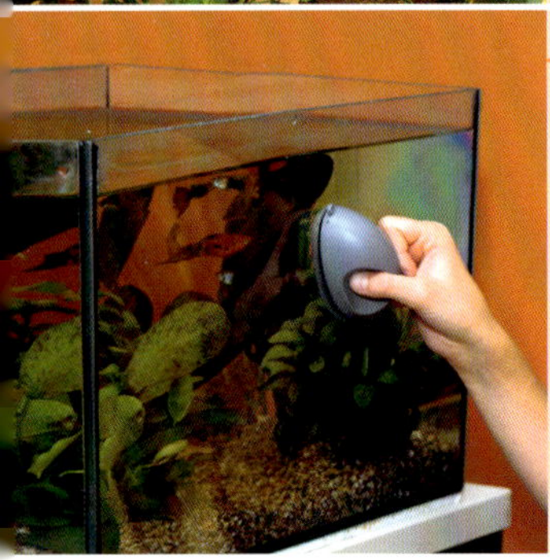

2 Algen auf den Innenscheiben lassen sich meist gut mit einem Algenmagneten entfernen, den du von außen an der Scheibe entlangführst.

Filter reinigen

Die Filterreinigung sollte nicht gleichzeitig mit dem Wasseraustausch erfolgen, da sonst die im Wasser und im Filter lebenden und für die Abbauprozesse im Aquarium notwendigen Bakterien zu stark reduziert werden (Achtung: Gefahr zu hoher Nitritwerte!). Es gibt auch Filterkammern mit mehreren Schwämmen, die dann im Wechsel gereinigt werden können, um einen größeren Teil der Kleinlebewesen im Filtermaterial zu erhalten. Die Filterreinigung darfst du auf keinen Fall mit heißem Wasser durchführen, da es die Bakterien abtötet.
Die Filtermaterialien werden – am besten in der Badewanne, dem Waschbecken oder draußen – mit einem stärkeren Wasserstrahl oder unter Einsatz eines Duschkopfes gereinigt. Dabei drückst du den Filterschwamm oder die Filterwatte immer wieder aus, bis kein sichtbar schmutziges Wasser mehr ausläuft. Hast du einen Innenfilter, aus dessen Filterkammer beim Herausnehmen Schmutz (wasser) aus dem Filter in das Becken läuft, hältst du am besten beim Herausheben eine Schale unter die Filterkammer. Diese fängt dann einen Großteil des Schmutzes auf.

Pflanzenpflege

Ist das Aquarium gut ausgeleuchtet, werden deine Wasserpflanzen sicherlich üppig wachsen. Nicht selten musst du dann einschreiten.

› Bei den langsam wachsenden Arten mit Wurzelstock (Javafarn, Speerblatt) durchtrennst du diesen in längeren Zeitabständen mit einer Pflanzenschere. Die abgetrennten Stücke kannst du entweder an anderer Stelle wieder einsetzen oder aus dem Becken entfernen.

› Beim Javafarn bilden sich wie bei Schwimmfarnen der Gattung *Ceratopteris* an den Blättern Jungpflanzen, die du bei ausreichender Größe von den Blättern abtrennen kannst.

› Andere Schwimmpflanzen (z. B. der Froschbiss) bilden an Stielen Tochterpflanzen aus, die bei starkem Wachstum entfernt werden müssen.

› Bei ausläuferbildenden Arten (z. B. *Vallisnerien*, Wasserkelche) ziehst du überschüssige Exemplare vorsichtig aus dem Boden. Vorher musst du allerdings mit einer Schere oder den Fingerspitzen die Verbindung zu den Mutterpflanzen kappen.

› Javamoos schneidest du mit einer Pflanzenschere zurück und entfernst dabei auch ungewünschte und zu lang gewordene Triebe.

› Zu lang gewordene Stängelpflanzen schneidest du über den Seitentrieben ab. Da die alten Triebe häufig unten verkahlen, entfernst du diese vorsichtig aus dem Boden und ersetzt sie durch die abgeschnittenen Sprossteile. Diese setzt du in den Boden und bedeckst sie bis über den nächsten Verzweigungspunkt mit Bodengrund. Wenn sie nicht schon vorher an den Verzweigungen neue Wurzeln entwickelt haben, bilden sie nun welche aus.

Scheiben- und Bodensäuberung

Zur Scheibenreinigung werden meist praktische Doppelmagnete mit Reinigungsbelag eingesetzt. Da selbst starke Magnete manch hartnäckigen Algenwuchs nicht entfernen können, empfiehlt es sich, zusätzlich einen Haushaltsschwamm zu benutzen. Geh dabei aber mit Vorsicht ans Werk, da eine zu raue Oberfläche die Aquarienscheiben zerkratzen kann. Die Säuberung des Bodengrundes erfolgt am besten mit einer Mulmglocke, die beim Wasserwechsel eingesetzt wird.
In Aquarien mit Turmdeckelschneckenbesatz ist dies jedoch meistens nicht nötig. Die Schnecken übernehmen diese Arbeit.

Was tun **im Urlaub?**

TIPPS VOM AQUARIEN-EXPERTEN
Ingo Koslowski

FÜTTERUNG Gesunde Fische, die größer als 3 cm sind, können bis zu einer Woche ohne Fütterung überstehen. Außerdem kannst du für diesen Zeitraum einen Futterautomaten mit Flockenfutter bestücken. Für längere Zeiträume ist jedoch die Organisation einer Urlaubsvertretung notwendig.

URLAUBSVERTRETUNG EINWEISEN Versuche einen erfahrenen Aquarianer als Vertretung zu gewinnen. Gelingt dies nicht, solltest du eine unerfahrene Person schon etwa zwei Wochen vor Beginn des Urlaubs in die wichtigen Dinge einweisen. Im Idealfall bereitest du die Futterportionen vor, damit es nicht zu einer Katastrophe durch Überfütterung kommt (das häufigste Problem bei Fremdpflege!). Auf jeden Fall Telefonnummer oder E-Mail-Adresse hinterlassen, damit du im Problemfall erreichbar bist.

GERÄTE PRÜFEN Alle technischen Geräte frühzeitig auf ihre Funktionsfähigkeit prüfen und gegebenenfalls ersetzen, ausnahmsweise etwa zwei bis drei Tage vorher Filter reinigen und Teilwasserwechsel (hier dürfen es auch einmal 50 % sein) durchführen.

Der Kampf gegen unliebsame Plagegeister

Algen gedeihen hervorragend, wenn dein Aquarium zu viel Licht bekommt oder sich durch starke Fütterung, einen hohen Fischbesatz und seltenen Wasserwechsel übermäßig viele Nährstoffe anreichern. Eine ausreichende Menge Wasserpflanzen kann die Gefahr zwar nicht völlig bannen, aber reduzieren.

Grünalgen

Grüne Fadenalgen kannst du mit einem Stöckchen, um das du sie wickelst, meist recht gut entfernen. Auch einige Garnelenarten wie die Amano-Garnelen tragen rasch zur Reduzierung der Algenfäden bei. Grünalgen werden aber auch von zahlreichen Fischen (z. B. Antennenwelsen), Garnelen und Schnecken gefressen. Auf hartblättrigen Pflanzen setzen sich manchmal Pinselalgenpolster fest, die bei zu üppigem Bewuchs sogar genügsame Pflanzen wie Speerblätter oder Javafarn in die Knie zwingen. In größeren Becken halten die recht groß werdenden Siamesischen Rüsselbarben und südamerikanische Algensalmler der Gattung *Apareiodon* die Bestände kurz. In kleinen Becken bleibt dir

Amano-Garnelen weiden Algen ab und können so eine wertvolle Unterstützung im Kampf gegen übermäßigen Bewuchs sein.

allerdings oft nur das regelmäßige Abzupfen mit einer Pinzette oder den Fingern. Antennenwelse verhindern zwar manchmal die Neubesiedlung, verschmähen aber lange Pinselalgen. Besonders im Sommer kann sich das Wasser auch durch Schwebalgen grünlich färben. Hier helfen nur ein häufiger Wasserwechsel und weniger Futter.

Blaualgen

Blaualgenteppiche aus Cyanobakterien, die als blaugrüner bis schwärzlicher unangenehm riechender Belag Pflanzen und Einrichtung flächig überziehen, musst du immer wieder mit der Hand von den befallenen Stellen beseitigen. Sie werden von keinem Aquarienbewohner gefressen. Auch häufigere Wasserwechsel, eine geringere Beleuchtung und das Einbringen einer schnellwüchsigen Wasserpflanzenart (z. B. Hornkraut) stoppen die Algen oft erst nach längerer Zeit. Dennoch solltest du auf chemische Bekämpfungsmittel verzichten, da diese auch andere Aquarieninsassen beeinträchtigen.

Schnecken

Wenn sich die Turmdeckelschnecken (→ Seite 37) zu stark vermehren, deutet dies immer auf eine zu üppige Fütterung hin. Langfristig helfen nur geringere Futtergaben. Wenn die Schnecken aber schon nach kurzer Zeit wieder den Filter verstopfen, kann es nötig sein, schneckenfressende Fische oder Raubschnecken einzusetzen. Schachbrett- oder Bänderschmerlen sind für kleinere Becken gut geeignet. Auf die häufig empfohlenen hübschen Prachtschmerlen solltest du jedoch nur bei einem ausreichend großen Becken zurückgreifen, da sie ausgewachsen fast 30 cm groß werden können. Auch Kugelfische sind eher ungeeignet, da sie, wenn nicht mehr genug Schnecken vorhanden sind, meist die anderen Fische fressen oder ihre Flossen anknabbern.
Bei den mit Pflanzen oder Lebendfutter eingeschleppten heimischen Schlamm-, Teller- oder Posthornschnecken bleibt dir nur das Absammeln mitsamt ihren glibberigen Eipaketen.

Turmdeckelschnecken können sich bei zu umfangreicher Fütterung sehr stark vermehren und zur Plage werden.

Fischkrankheiten erkennen und behandeln

Zum Wohlbefinden und zu einem langen, gesunden Leben deiner Fische trägst du bei, wenn du sie abwechslungsreich fütterst, die passenden Arten vergesellschaftest, sie richtig pflegst und für gute Lebensbedingungen sorgst. Besondere Vorsicht ist auch beim Kauf neuer Fische geboten, da Neuzugänge Krankheitserreger einschleppen können. Damit du mögliche Beschwerden deiner Fische verstehst, findest du nachfolgend einige häufige und gut erkennbare Krankheitssymptome. Achtung: Wenn du eine Fischkrankheit mit Medikamenten behandeln musst, darfst du diese nur unter Anleitung eines Erwachsenen anwenden!

Gesunde Fische, die lebhaft und munter durchs Becken schwimmen, erfreuen jeden Aquarianer. Beim ersten Anzeichen einer Krankheit solltest du deshalb sofort reagieren.

Hautparasiten

Fische werden häufig von Hautparasiten befallen. Die ersten Anzeichen hierfür sind eine verringerte Schwimmfreude, schaukelnde Bewegungen, heftigeres Bewegen der Kiemendeckel und häufigeres Scheuern an Gegenständen. Der bekannteste Erreger ist die Weißpünktchenkrankheit (Ichthyo). Bei dieser Erkrankung findest du auf dem Fischkörper und den Flossen verteilt bis zu 1,5 mm große weiße Pünktchen. Für die Behandlung dieser Krankheit bietet der Zoofachhandel zahlreiche Medikamente an, die das Wasser grünlich oder gelblich einfärben. Halte dich streng an den Behandlungsplan (Dosierung, Behandlungsdauer), da bei frühzeitigem Abbruch und falscher Dosierung die Gefahr einer Neuinfektion relativ hoch ist. Dies gilt, selbst wenn mehrere Tage kein Erreger mehr zu sehen ist.

Goldstaubkrankheit

Ähnliche Symptome können auch bei der sogenannten Goldstaubkrankheit *(Oodinium)* und dem Costiabefall auftreten. Die Hautbeläge sind bei diesen Erregern aber wesentlich schlechter zu erkennen, da die Parasiten nur Größen von bis zu 0,3 mm erreichen. Oft sind sie nur als weißer oder goldgelblicher Staubbelag wahrzunehmen. Auch hier hilft eine Behandlung mit handelsüblichen Medikamenten. Oodoniumbefall kann auch durch eine Kochsalzkur erfolgreich bekämpft werden (zwei bis vier Teelöffel jod- und zusatzfreies Salz pro zehn Liter Wasser), allerdings können einige Aquarienpflanzen dabei Schaden nehmen.

Würmer

Auch Haut- und Kiemenwürmer sind in den letzten Jahren in zunehmendem Maße für die links beschriebenen Symptome verantwortlich. Hierbei sind zunächst keine äußerlichen Parasiten sichtbar. Allerdings kann man häufiger aufgebrochene kleine Hautstellen an den Schuppenrändern erkennen. Mit Kiemenwürmern befallenen Fischen fällt die Atmung zunehmend schwer. Für die Behandlung von Haut- und Kiemenwürmern bietet der Fachhandel gut wirksame Fischmedikamente an.

Bakterielle Krankheiten

Auch Bakterien verursachen häufig Fischkrankheiten. Sie treten aber meist nur auf, wenn die Tiere durch schlechte Haltungsbedingungen oder durch Stress geschwächt sind. Die Fischtuberkulose erzeugt z. B. aufgeblähte Bäuche mit abstehenden Schuppen und Glotzaugen. Sie muss mit Antibiotika (nur beim Tierarzt zu erhalten) behandelt werden. Während dieser Zeit ist es ratsam, die befallenen Einzeltiere in separaten Becken zu halten und zugleich die Lebensbedingungen im Aquarium zu verbessern. Bei Auftreten der Fischtuberkulose darfst du nur mit Gummihandschuhen ins Aquarium greifen, da sie auf den Menschen übertragbar ist! Auch die Flossenfäule, bei der die Fische ausgefranste, zerspaltene oder wie abgefressen wirkende

1 Bei der Flossenfäule treten ausgefranste, weißliche Flossenränder auf. Dabei können ganze Flossenpartien abfaulen.

2 Verursacher der Fischtuberkolose sind Bakterien. Im fortgeschrittenen Stadium können als Symptome Glotzaugen auftreten.

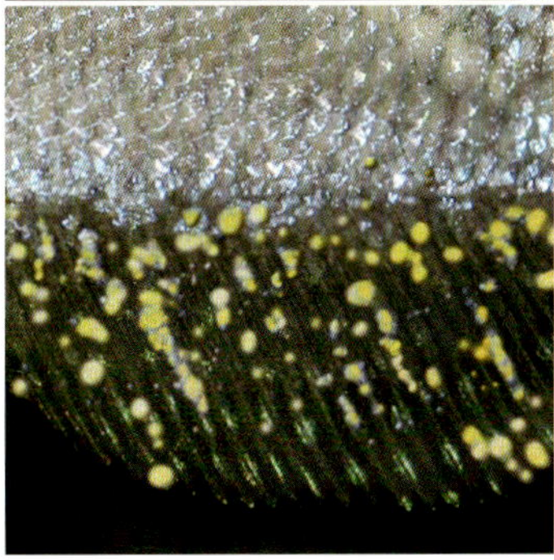

3 Oodiniumbefall erkennst du am besten auf den Flossen, da die winzigen Erreger dort selbst mit bloßem Auge sichtbar sind.

Flossen haben, hat bakterielle Ursachen. Leichte Fälle sind mit Mitteln aus dem Zoofachhandel, schwerere nur mit Antibiotika behandelbar.

Pilzbefall

Wenn deine Fische durch Erkrankungen geschwächt sind, treten oft als Zweitinfektion deutlich sichtbare watteartige Pilzbefälle auf. Auch hierfür gibt es spezielle Fischmedikamente im Zoofachhandel.

Spannendes Verhalten

Fische, die zur Eiablage aus dem Wasser springen oder sich bei Gefahr in den Sand vergraben – die faszinierende Unterwasserwelt hält immer wieder verblüffende Entdeckungen bereit. Das manchmal unglaubliche Verhalten deiner Aquarienbewohner wird dich jeden Tag aufs Neue überraschen.

Faszinierende Fischbeobachtung

Ein Spritzsalmlerpärchen stellt sich beispielsweise parallel unter die Wasseroberfläche, um im nächsten Moment gemeinsam an die Abdeckscheibe zu springen und dort seine Eier abzulegen. Auch ein Wels, der mit dem Vorderkörper in den Sand eintaucht, das Halbschnäblermännchen (siehe Bild), das seinem Weibchen hinterjagt, ein Salmler, der mit gespreizten Flossen seine volle Farbenpracht zur Schau stellt oder ein Buntbarschweibchen, das seine Jungfische verteidigt, ermöglichen faszinierende Beobachtungen. Und dies nicht nur während der Paarungszeit und der Aufzucht der Jungtiere.

Revierkämpfe

Um die Geheimnisse des Fischverhaltens besser verstehen zu können, wird dem Aspekt in diesem Ratgeber ein spezielles Kapitel gewidmet. So kannst du die von dir beobachteten Verhaltensweisen einordnen. Du findest zudem Anregungen für neue Beobachtungen oder kleine Experimente, mit denen du deine Fische besser verstehen lernst. Du erfährst unter anderem, was Fische tun, um anderen Aquarienbewohnern zu sagen: »Hier wohne ich, mach dich aus dem Staub.« Du erkennst, wie sich Fische gegenseitig »anmachen«, um einen geeigneten Partner zu bekommen, wie ihr Nachwuchs zur Welt kommt und was sie anstellen, um ihre Eier und Jungfische zu schützen. Fische haben hierfür unterschiedlichste Strategien entwickelt.

Kuriositäten unter Wasser

Zum Schluss kannst du dich auch noch auf einige Kuriositäten aus der Welt deiner Aquarienfische freuen. Du wirst staunen, welche Überraschungen einige Unterwasserbewohner durch ihr Verhalten für dich bereithalten.

Wenn Fische Reviere bilden

Einige Fischarten suchen die Nähe ihrer Artgenossen. Bei diesen Tieren handelt sich um Schwarmfische, die sich nur in einer Gruppe wohlfühlen und geschlossen durch das Aquarium ziehen.

Zeitweise Einzelgänger

Einige Arten dieser Schwarmfische, insbesondere solche aus der Verwandtschaftsgruppe der Salmler und Barbenartigen, zeigen zeitweise ein interessantes Verhalten. Zu bestimmten Zeiten löst sich der Schwarm auf, und du kannst beobachten, dass sich einzelne Tiere außerhalb der Fütterungszeit nur noch in eng begrenzten Bereichen des Aquariums aufhalten und andere ehemalige »Mitschwärmer« aus diesem Bereich vertreiben: Sie haben ein Revier besetzt, in dem sie sich bald fortpflanzen wollen. Solch einen phasenweisen Verhaltenswechsel kannst du beispielsweise bei den Arten der Ziersalmler beobachten. Manche Arten bilden nur als Jungfische einen Schwarm und besetzen mit Eintritt der Geschlechtsreife ein Revier. Wiederum andere verteidigen von Beginn an einzeln oder paarweise ihr Territorium.
Im Zentrum ihres Reviers werden die Fische später ihre Eier ablegen. Dies kann in einer Höhle sein, an einem markanten Stein, an einem Wurzelstück oder einem größeren Pflanzenblatt, manchmal passiert es aber auch in einem bestimmten Bereich in den Stängel- oder Schwimmpflanzenbeständen.

Reviere verteidigen

Um dieses Revierzentrum herum wird ein bestimmter Bereich gegenüber anderen Fischen verteidigt. Die Größe dieses Gebietes ist abhängig von der Fischart und der Strukturierung des Aquariums. Fische, die in das Areal hineinschwimmen, werden meist kurz angeschwommen und ohne Körperberührung verjagt. Lässt sich der Eindringling aber

Hier sind zwei prächtige Killifische aneinandergeraten. Beim Angriff erfolgen heftige Stöße in die Körperseite.

Dieser Gelbe Zwergbuntbarsch spannt beim Breitseitimponieren seine Flossen bis zum Zerreißen und versucht so, sein Gegenüber zu beeindrucken.

Kleine **Verhaltensexperimente**

SPIEGELEXPERIMENT Wenn du einen kleinen Spiegel an der Grenze eines Reviers ins Aquarium hältst, kannst du viele Verhaltensweisen auch ohne einen anderen Artgenossen beobachten. Die Fische erkennen sich nicht selbst und vermuten im Spiegelbild einen Rivalen, den sie angreifen.

FARBENEXPERIMENT Auf welche Körperfarben deine Fische reagieren, kannst du mit kleinen Fischnachbildungen aus gefärbtem Plastilin herausfinden, die du an einem Stab befestigst und vorsichtig an das Revier heranführst.

ACHTUNG Diese Experimente darfst du aber nur ganz selten durchführen, da die Fische sonst zu sehr gestresst werden.

nicht vertreiben, kann es auch zu Kämpfen kommen. Diese aggressiven Auseinandersetzungen enden oft schon mit Drohgebärden, bei denen die Kontrahenten kurz ihre Flossen aufstellen, nebeneinander herschwimmen und mit dem Schwanz einen Wasserschwall in die Richtung des Gegners schicken (sogenanntes Schwanzflossenschlagen). Sucht der Eindringling immer noch nicht das Weite, wird er mit gesenktem Mundboden frontal angeschwommen. Geht er auf diese Attacke ein, stehen sich zwei Fische oft minutenlang Kopf an Kopf gegenüber und schwimmen gleichzeitig vor und zurück. Dabei können sie die Mäuler ruckartig weit aufreißen oder plötzlich ihre geöffneten Mäuler aufeinanderklatschen (dieses Verhalten wird z. B. bei Küssenden Guramis als Kuss missdeutet). Manchmal beißen sie sich auch gegenseitig am Kiefer fest und bewegen sich so maulzerrend bis zu mehrere Minuten lang durch das Aquarium. Der Fisch, bei dem zuerst der Sauerststoff knapp wird, lässt auch als Erster los.

Rückzugsmöglichkeiten schaffen

Kritisch wird es für den Unterlegenen nur, wenn er im Aquarium keine Versteckmöglichkeiten findet, um sich dem Blickfeld des Siegers zu entziehen. Dann wird er oft bis zur völligen Erschöpfung gejagt und auch in Flossen und Körper gebissen. Aus diesem Grund ist das Einbringen von Dekorationsmaterialien und Pflanzen bei revierbesetzenden Arten von großer Bedeutung. Fehlen die Versteckmöglichkeiten, müssen die unterlegenen Tiere separat untergebracht werden, damit sie nicht sterben. Einige Fische wie die sogenannten Knurrenden Guramis geben bei diesen Auseinandersetzungen sogar Töne von sich, die man auch außerhalb des Aquariums hören kann.

Prächtiges Balzverhalten

Ist das Revier abgesteckt, werden alle eindringenden Artgenossen vertrieben. Zunächst gilt dies auch für die andersgeschlechtlichen Tiere. Präsentiert ein laichreifes Weibchen aber seinen mit Eiern gefüllten Bauch, reagieren die Männchen plötzlich mit anderen Verhaltensweisen. Es kommt zum Werbeverhalten, der sogenannten Balz. Ein laichreifes Weibchen erkennst du oft an der veränderten Bauchfärbung, etwa den leuchtend roten oder violetten Farbtönen einiger Buntbarschweibchen.

Eindruck machen

Die Balzaktivitäten der Männchen laufen bei den meisten Fischarten ähnlich ab. Zunächst zeigen sie, was sie haben. Dazu werden die Flossen oft bis zum Zerreißen gespannt und Prachtfarben »angelegt«. Das Farbspektrum und die Glanzeffekte sind meist so intensiv, dass du deine Fische fast nicht wiedererkennst. Mit abgespreizten Flossen und im Prachtkleid umschwimmt das Männchen das Weibchen in immer enger werdenden Kreisen. Einige

Dieses balzende Schmetterlingsbuntbarschpärchen erstrahlt in leuchtenden Farben. Immer wieder umkreisen sich die Partner während der Balz.

südamerikanische Salmler der Rosentetra-Verwandtschaft veranstalten diese Aktivitäten oft auch in der Gruppe. Bei manchen Fischen, wie etwa den Lebendgebärenden Zahnkarpfen (z. B. Guppys), schwimmen die Männchen dagegen nur kurz in das Blickfeld des Weibchens und falten dort ihre Flossen auseinander. Wieder andere Arten biegen sich während des Werbens leicht durch und flattern mit den Bauchflossen oder präsentieren den Weibchen mit ruckenden Bewegungen ihren Bauch. Auch bei der Balz geben die Fische Töne von sich, die aber nur selten ohne Unterwassermikrofone hörbar sind (z. B. bei den Knurrenden Guramis). Bei anderen Arten, deren Männchen deutlich größer sind als die Weibchen, legen die Männchen bei ihren Annäherungsversuchen zunächst die Flossen an und machen sich ganz klein. Erst wenn die Angebetete nicht wegschwimmt, werden die Flossen gespreizt.

Laichplatz zeigen

Geht die Auserwählte auf das Werbeverhalten ein, lockt das Männchen sie zum ausgewählten Laichplatz (Höhle, Stein, Wurzel, Bodenmulde, Blatt oder Pflanzendickicht). Hierzu schwimmt es immer wieder ein Stück in dessen Richtung und kehrt dann wieder zurück. Bei manchen Fischarten gehen der Balz schon Nestbauaktivitäten voraus. Höhlen- oder Muldenbrüter gestalten den Laichplatz durch umfangreiche Bewegungen des Bodengrunds um. Manche Labyrinthfische (z. B. Faden- und Kampffische) konstruieren ein an der Wasseroberfläche schwimmendes oder in Schwimmpflanzen eingebautes Schaumnest.

Gelegentlich sind auch die Weibchen der aktivere Teil bei der Balz. Sie schwimmen dann die Männchen an, präsentieren ihren Bauch und locken sie zu dem von ihnen ausgewählten Laichplatz.

Fischbeobachtung leicht gemacht

TIPPS VOM AQUARIEN-EXPERTEN
Ingo Koslowski

AQUARIENGESTALTUNG Ein größerer freier Schwimmbereich in Bodennähe wird häufig von gruppenbalzenden Fischen genutzt. Willst du das interessante Fortpflanzungsverhalten des Spritzsalmlers beobachten, muss der Abstand von der Wasseroberfläche bis zur Abdeckscheibe mindestens 5 cm betragen. Höhlen immer so konstruieren, dass der Eingang zur Beobachtungsscheibe liegt und auch die Höhlendecke (zumindest mithilfe einer Taschenlampe) einsehbar ist.

EIGENES VERHALTEN Das natürliche Verhalten der Fische kannst du am besten beobachten, wenn du dich in der Beobachtungszeit möglichst wenig und ruhig vor dem Aquarium bewegst.

LICHTVERHÄLTNISSE Die Fische sehen dich nicht, wenn der Raum, in dem dein Aquarium steht, während der Beobachtungsphasen möglichst dunkel ist. So spiegelt sich für die Fische nur der Aquarieninhalt mitsamt ihnen selbst in der Aquarienscheibe. Deshalb zeigen viele Fische an den Scheiben Droh- oder Balzverhaltensweisen, die du dann prima beobachten kannst.

Wie pflanzen sich meine Fische fort?

Begeistert dich schon das Revier- und Balzverhalten deiner Fische, wird es dir sicherlich auch große Freude bereiten, wenn du sie bei der erfolgreichen Fortpflanzung und Aufzucht beobachten kannst.

Lebendgebärende

› Meist sind es die lebendgebärenden Fische wie Guppys oder Platys, die für den ersten Nachwuchs im Aquarium sorgen. Bei ihnen findet eine innere Befruchtung statt. Das heißt, die Männchen müssen bei der Paarung versuchen, die Spitze ihrer zum äußeren Geschlechtsorgan umgebildeten Afterflosse (Gonopodium) in die Nähe der Geschlechtsöffnung des Weibchens zu bringen, damit die Spermien dort hineingelangen. Um eine möglichst gute Position für die Besamung zu finden, jagen die Männchen lebendgebärender Zahnkarpfen fast den ganzen Tag hinter den Weibchen her. Die Gonopodien mancher Arten erreichen mehr als die Hälfte der gesamten Körperlänge. Auch die Halbschnäbler oder Halbschnabelhechte gehören zu den lebendgebärenden Fischen. Die Afterflosse der Männchen ist bei dieser Art aber weniger deutlich umgebildet.

› Damit deine Jungfische nicht gleich wieder gefressen werden (meist sind sie selbst vor den Eltern nicht sicher), solltest du trächtige Weibchen in einen Ablaichkasten mit Laichrost setzen. Diesen erhältst du in jedem gut sortierten Zoofachgeschäft. Die jungen Tiere schwimmen nach der Geburt unter den Laichrost und sind vor ihren Müttern geschützt. Ist dein Aquarium gering besetzt und wachsen darin dichte Schwimmpflanzen oder Javamoospolster, werden einzelne Nachkommen auch überleben, ohne dass du sie herausholst. Ein ideales Futtermittel für die meisten Jungfische sind frisch geschlüpfte Salinenkrebslarven (→ Seite 41).

Ein maulbrütendes Kampffischpärchen bei der Eiübergabe. So ist das Gelege sicher vor Fressfeinden geschützt.

Offenbrüter, Frei- und Pflanzenlaicher

Viele Fische legen ihre Eier an offenen Stellen ab. Dabei wird das Gelege entweder einfach im freien

Dieses Zwergbuntbarschweibchen aus der Gattung *Apistogramma* pflegt in seiner Bruthöhle vorsichtig das Gelege.

Die Nachkommen dieses lebendgebärenden Fisches (*Ameca splendens*) werden bei der Geburt einfach ins offene Wasser entlassen.

Wasser abgegeben, sodass es auf den Boden oder in die Pflanzenbestände sinkt (Freilaicher), oder die Eier werden nach der Paarung einzeln oder als komplettes Gelege an Pflanzen, in Spalten, an Dekorationsgegenständen oder auf dem Boden abgelegt. Manche Arten bewachen das Gelege anschließend bis zum Schlüpfen der Larven oder bis zum Freischwimmen der Jungen (Offenbrüter).

Höhlenbrüter und Versteckbrüter

Zahlreiche Buntbarsche, Blaubarsche, Saugwelse und Grundeln legen ihre Eier geschützt in einer Höhle oder einem ähnlichen Versteck ab. Die meisten Fischweibchen drehen sich dazu auf den Rücken und haften die Eier an die Höhlendecke. Das Gelege wird anschließend von den Elternteilen durch fächelnde Bewegungen mit sauerstoffreichem Wasser versorgt und verteidigt. Bei den Buntbarschen geht die Brutpflege weit über die Phase hinaus, in der die Jungfische das Versteck verlassen. Es ist eine faszinierende Beobachtung, wenn sie gemeinsam mit ihren Jungen auf Nahrungssuche durch das Aquarium ziehen.

Schaumnestbauer

Unter den Labyrinthfischen gibt es einige Arten (z. B. Fadenfische und Kampffische), bei denen die Männchen ein Schaumnest an der Oberfläche bauen, in dem die Eier abgelegt werden. Anschließend werden die Larven vom Männchen weiter bewacht.

Maulbrüter

Einige Buntbarsche und Kampffische nehmen den Nachwuchs ins Maul. Während es bei den maulbrütenden Kampffischen die Männchen sind, die die Eier nach einer komplizierten Eierübergabe bebrüten und dann bis zu zwei Wochen auf die Nahrungsaufnahme verzichten, betreiben bei vielen Buntbarschen die Weibchen oder beide Partner die Maulbrutpflege. Auch wenn die Jungen schon frei herumschwimmen, werden sie bei Gefahr von den Buntbarscheltern noch ins Maul genommen.

Kuriositäten aus der Fischwelt

Neben den »herkömmlichen« Fischarten gibt es noch ein Reihe interessanter und kurioser Fische, die mit ihrem faszinierenden Verhalten überraschen.

Sandtaucher

Ungewöhnliche Beobachtungen kannst du bei den durch den sandigen Bodengrund ziehenden Pferdekopfschmerlen machen. Sie siehst du häufig nur mit dem Kopf aus dem Boden schauen. Auch andere Arten aus der Verwandtschaft der Schmerlen tauchen bei Gefahr sofort in den Bodengrund ab. Es gibt sogar Fische, die zum Ablaichen komplett im sandigen Boden verschwinden (z. B. Vertreter der Bärblingsgattung *Barilius*). Südamerikanische Panzerwelse stoßen bei der Nahrungssuche gerne mit dem Kopf in den Sandboden.

Pferdekopfschmerlen tauchen gerne in den Sandboden ein, um dort nach Nahrung zu suchen oder um sich vor Feinden zu verstecken.

Haremspaschas

Vor allen Dingen unter den südamerikanischen Zwergbuntbarschen der Gattung *Apistogramma* gibt es viele Arten, bei denen sich die Weibchen während der Brutpflege um Gelege, Larven und Jungfische kümmern und die Männchen ihrerseits das Außenrevier verteidigen. Dieses Außenrevier kann dabei so groß sein, dass es mehrere kleinere Weibchenreviere umfasst. So hat das Männchen die Gelegenheit, mit mehreren Weibchen abwechselnd Junge zu zeugen.

Paarungserschleicher

Auch bei den *Apistogramma*-Arten kann man bei der Laichabgabe ein interessantes Verhalten beobachten: Hältst du in deinem Aquarium neben einem großen, dominanten Männchen noch weitere kleinere Geschlechtsgenossen, kann es passieren, dass sich diese kleineren Männchen während des Laichaktes zu dem laichenden Paar in die Höhle »schleichen« und dabei ihre Spermien abgeben. Diese Paarungserschleicher haben dem dominanten Männchen damit sozusagen einige Kuckuckseier ins Nest gelegt.

Geschlechtswechsler

Noch ungewöhnlicher geht es in einer Gruppe des Schachbrettbuntbarsches *(Crenicara punctulatum)* zu. Dort wandelt sich zunächst nur das stärkste Tier zum Männchen und befruchtet die Gelege aller Weibchen. Nimmt man das Männchen heraus oder stirbt es, wandelt sich ein Weibchen zum Männchen. Es wechselt also sein Geschlecht. Zurück zum Weibchen geht die Wandlung aber nicht mehr.

Der kleine **Aquarien-Wissenstest**

		JA	NEIN
1.	Das Aquarium sollte in Fensternähe aufgestellt werden.	○	⊗
2.	Algen und Schnecken werden am besten mit chemischen Bekämpfungsmitteln vernichtet.	○	⊗
3.	Es gibt Fische, die unter Wasser Nester bauen.	⊗	○
4.	Filtermaterialien werden bei der Reinigung ausgekocht.	○	⊗
5.	Von Schwarmfischen erwirbt man immer eine Gruppe von mindestens 5–6 Tieren.	⊗	○
6.	Fische sollten besser im abgedunkelten Kunststoffbeutel (in Zeitungspapier gehüllt) transportiert werden.	⊗	○
7.	Neu gekaufte Fische werden daheim gleich ins Aquarium geschüttet.	○	⊗
8.	Saugwelse sind meist gute Algenfresser.	⊗	○
9.	Lieber zu viel als zu wenig füttern, damit keine Fische verhungern.	○	⊗
10.	Stängelpflanzen lassen sich gut einkürzen.	⊗	○
11.	Kleine Aquarien sind leichter zu pflegen als große.	○	⊗
12.	Große Fischarten sehen Zwerggarnelen häufig als Futter an und fressen sie.	⊗	○
13.	Alle Schnecken sind ungeliebte Plagegeister.	○	⊗
14.	Ichthyo ist eine wissenschaftliche Bezeichnung für den Guppy.	○	⊗
15.	Viele Fischkrankheiten lassen sich mit speziellen Fischmedikamenten behandeln.	⊗	○
16.	Filterreinigung und Wasserwechsel werden möglichst nicht gemeinsam durchgeführt.	⊗	○
17.	Pro Zentimeter Fisch sollten 1–2 Liter Wasser zur Verfügung stehen.	⊗	○
18.	Wenn Fische ihre Mäuler aufeinander legen, küssen sie sich.	○	⊗
19.	Guppys gehören zu den höhlenbrütenden Fischen.	○	⊗
20.	Es gibt Buntbarsche, die ihr Geschlecht wechseln können.	⊗	⊗

LÖSUNGEN: 1. Nein, 2. Nein, 3. Ja, 4. Nein, 5. Ja, 6. Ja, 7. Nein, 8. Ja, 9. Nein, 10. Ja, 11. Nein, 12. Ja, 13. Nein, 14. Nein, 15. Ja, 16. Ja, 17. Ja, 18. Nein, 19. Nein, 20. Ja

Hast du alle Fragen richtig beantwortet? Wenn ja, dann Glückwunsch. Du weißt schon viel über die Aquaristik. Wenn nicht, solltest du nochmal genauer in diesem Ratgeber nachlesen.

Die **halbfett** gesetzten Seitenzahlen verweisen auf Abbildungen, U = Umschlag, UK = Umschlagklappe.

Die Inhalte dieses Buches beziehen sich auf die Bestimmungen des deutschen Tier- bzw. Artenschutzes. In anderen Ländern können die Angaben abweichend sein. Erkundigen Sie sich daher im Zweifelsfall bei Ihrem Zoofachhändler oder bei der entsprechenden Behörde.

Verbände/Vereine

› Verband Deutscher Vereine für Aquarien- und Terrarienkunde e. V. (VDA), Geschäftsstelle: Hans Stiller, Luxemburger Str. 16, 44789 Bochum, www.vda-online.de
› Bundesverband für fachgerechten Natur- und Artenschutz e. V. (BNA), Ostendstr. 4, 76707 Hambrücken, www.bna-ev.de
› Deutsche Killifisch Gemeinschaft e. V. (DKG), Lothringer Weg 35, 45481 Mülheim an der Ruhr, www.dkg.killi.org
› Internationale Gemeinschaft für Labyrinthfische e. V. (IGL), Lothringerweg 35, 45481 Mülheim/Ruhr, www.igl-home.de
› Österreichischer Verband für Vivaristik und Ökologie (ÖVVÖ), Gerhard Gabler, Bonygasse 49/14, A-1120 Wien, www.oevvoe.at
› Deutsche Cichliden-Gesellschaft e. V. (DCG), Parkstr. 21 a, 33719 Bielefeld, www.dcg-online.de
› Internationale Gesellschaft für Regenbogenfische e. V. (IRG), Dompfaffweg 53, 42659 Solingen, www.irg-online.de
› Deutsche Gesellschaft für Lebendgebärende Zahnkarpfen e. V. (DGLZ), Dompfaffweg 53, 42659 Solingen, www.dglz.de

Wichtiger **Hinweis**

› **Die in diesem Buch beschriebenen elektrischen Geräte müssen mit dem gültigen TÜV-Zeichen versehen sein.**

› **Beachten Sie die Gefahren im Umgang mit elektrischen Geräten und Leitungen, besonders in Verbindung mit Wasser.**

› **Die Anschaffung eines elektronischen Fehlstrom-Überwachungsgerätes oder Fehlstrom-Schutzschalters ist empfehlenswert.**

› **Kinder dürfen Medikamente und Testsets immer nur unter Aufsicht Erwachsener anwenden.**

Untersuchungsstellen

› Institut für Zoologie, Fischereibiologie und Fischkrankheiten der Tierärztlichen Fakultät der LMU München, Kaulbachstr. 37, 80539 München, www.vetmed.uni-muenchen.de/zoofisch
› Universität Gießen, Klinik für Vögel, Reptilien, Amphibien und Fische, Frankfurter Str. 87, 35392 Giessen, www.vetmed.uni-giessen.de/kli.htm

Fragen zur Aquaristik

beantworten Ihr Zoofachhändler und der Zentralverband Zoologischer Fachbetriebe Deutschlands e. V. (ZZV), Tel. 06 11/44 75 53 (nur telefonische Auskunft möglich: Mo 12–16 Uhr, Do 8–12 Uhr), www.zzf.de

Bücher

› Kasselmann, Ch.: Taschenatlas Aquarienpflanzen. Eugen Ulmer Verlag, Stuttgart
› Koslowski, I.: Die Buntbarsche Amerikas 2, Apistogramma & Co. Eugen Ulmer Verlag, Stuttgart
› Schliewen, U.: Das große GU Praxishandbuch Aquarium. Gräfe und Unzer Verlag, München
› Schliewen, U.: Mein Aquarium. Gräfe und Unzer Verlag, München

Zeitschriften

› DATZ, Aquarien- und Terrarien-Zeitschrift, Verlag Eugen Ulmer, Stuttgart
› AMAZONAS, Natur und Tier-Verlag GmbH. Münster
› KORALLE, Natur und Tier-Verlag GmbH, Münster
› Aquaristik-Fachmagazin, Tetra Verlag GmbH, Berlin-Velten
› Aquaristik – Aktuelle Süßwasserpraxis, Dähne Verlag, Ettlingen
› Aquarium live, Gong Verlag, Ismaning

Internetseiten

› **www.bfn.de** (Bundesamt für Naturschutz; aktueller Stand der Artenschutzgesetze)
› **www.guppy.de** (Infos zu Haltung und Pflege von Guppys)
› **www.crusta10.de** (Infos zu Haltung und Pflege von Wirbellosen)

Sachversicherungen

› Deutscher Ring, Ludwig-Erhard-Str. 22, 20459 Hamburg, www.deutscherring.de

Freude am Tier

Die neuen Tierratgeber – da steckt mehr drin

ISBN 978-3-8338-0526-4
64 Seiten

ISBN 978-3-8338-1196-8
64 Seiten

ISBN 978-3-8338-1168-5
64 Seiten

Preis je Band: 7,90 €

ISBN 978-3-8338-1521-8
64 Seiten

ISBN 978-3-8338-0868-5
64 Seiten

ISBN 978-3-8338-1164-7
64 Seiten

Das macht sie so besonders:

Praxiswissen kompakt – vermittelt von GU-Tierexperten

Praktische Klappen – alle Infos auf einen Blick

Die 10 GU-Erfolgstipps – so fühlt sich Ihr Tier wohl

GU

Willkommen im Leben.

Unsere Garantie

Alle Informationen in diesem Ratgeber sind sorgfältig und gewissenhaft geprüft. Sollte dennoch einmal ein Fehler enthalten sein, schicken Sie uns das Buch mit dem entsprechenden Hinweis an unseren Leserservice zurück. Wir tauschen Ihnen den GU-Ratgeber gegen einen anderen zum gleichen oder ähnlichen Thema um.

Liebe Leserin und lieber Leser,

wir freuen uns, dass Sie sich für ein GU-Buch entschieden haben. Mit Ihrem Kauf setzen Sie auf die Qualität, Kompetenz und Aktualität unserer Ratgeber. Dafür sagen wir Danke! Wir wollen als führender Ratgeberverlag noch besser werden. Daher ist uns Ihre Meinung wichtig. Bitte senden Sie uns Ihre Anregungen, Ihre Kritik oder Ihr Lob zu unseren Büchern. Haben Sie Fragen oder benötigen Sie weiteren Rat zum Thema? Wir freuen uns auf Ihre Nachricht!

Wir sind für Sie da!
Montag – Donnerstag: 8.00 – 18.00 Uhr;
Freitag: 8.00 – 16.00 Uhr
Tel.: 0180-5 00 50 54*
Fax: 0180-5 01 20 54*
*(0,14 €/Min. aus dem dt. Festnetz/ Mobilfunkpreise können abweichen.)
E-Mail:
leserservice@graefe-und-unzer.de

P.S.: Wollen Sie noch mehr Aktuelles von GU wissen, dann abonnieren Sie doch unseren kostenlosen GU-Online-Newsletter und/oder unsere kostenlosen Kundenmagazine.

GRÄFE UND UNZER VERLAG
Leserservice
Postfach 86 03 13
81630 München

Programmleitung: Christof Klocker
Leitende Redaktion: Anita Zellner
Redaktion: Luise Heine
Lektorat: Simone Steger
Bildredaktion: Adriane Andreas, Alexandra Dimitrijevic (Cover)
Umschlaggestaltung und Layout: independent Medien-Design, München
Herstellung: Claudia Labahn
Satz: h3a GmbH, München
Reproduktion: Longo AG, Bozen
Druck: Firmengruppe APPL, aprinta druck, Wemding
Bindung: Firmengruppe APPL, sellier druck, Freising

Printed in Germany

ISBN 978-3-8338-1204-0

1. Auflage 2009

Ein Unternehmen der
GANSKE VERLAGSGRUPPE

Der Autor

Ingo Koslowski hat schon früh die Aquaristik für sich entdeckt. Seine Kenntnisse vertiefte er während seines Biologiestudiums mit Schwerpunkt Ichthyologie (Fischkunde). Ingo Koslowski schreibt für zahlreiche Fachzeitschriften und hat bereits zwei Bücher über Zwergbuntbarsche veröffentlicht. Darüber hinaus ist er als Fotograf mit Schwerpunkt Aquaristik tätig.

Die Fotografen

Aquapress/Christian Piednoir: 21-3; Blickwinkel: 20-2; Dieter Bork: 48; Werner Eigelshofen: 52; Oliver Giel: 6, 7, 8, 19-1, 44-1, U4-2; Andreas Hartl: 56; Frank Hecker: 29-5; Hippocampus/Frank Teigler: 12-2; JBL/online-Hospital: 49-1; Burkard Kahl: 1, 3, 4, 16, 21-4, 22, 26, 28-1, 28-2, 28-3, 29-2, 29-3, 29-4, 30-1, 30-2, 30-3, 31-1, 31-3, 31-4, 31-5, 32-1, 32-2, 32-3, 33-1, 33-4, 33-5, 35-1, 38, 43, 50, U3-3, U8-1, U8-2, U8-3; Christel Kasselmann: 20-1, 20-3, 21-1, 21-2, 21-5; Petra Kölle: 49-2; Ingo Koslowski: 2, 14, 18, 29-1, 31-2, 33-3, 37, 41, 53, 54, 64, U3-1, U3-2, U7-2; Peter Lucas: 25-3, 33-2, 35-2; Chris Lukhaup: 19-2, 24/25, 24-1, 24-2, 24-4, 25-1, 25-2, 36-1, 36-2, 46; Okapia: 24-3; Armin Peither: 34; Heinz Schmidbauer: U1 (Cover), 9, 10, 11-1, 11-2, 12-1, 15-1, 15-2, 15-3, 27-1, 27-2, 40, 42, 44-2, 49-3, U6, U7-3; Andreas Spreinat: U7-1; Wolfgang Staeck: 57-1, U4-1; Uwe Werner: 47, 57-2, 58.